水利工程建设与水利经济研究

李全领　张英杰　夏磊　著

中国商务出版社

·北京·

图书在版编目（CIP）数据

水利工程建设与水利经济研究 / 李全领，张英杰，夏磊著 . -- 北京：中国商务出版社，2024.9. -- ISBN 978-7-5103-5377-2

Ⅰ . TV；F407.9

中国国家版本馆 CIP 数据核字第 2024LG0398 号

水利工程建设与水利经济研究

SHUILI GONGCHENG JIANSHE YU SHUILI JINGJI YANJIU

李全领　张英杰　夏磊　著

出版发行：中国商务出版社有限公司

地　　址：北京市东城区安定门外大街东后巷28号　　邮编：100710

网　　址：http://www.cctpress.com

联系电话：010-64515150（发行部）　　　010-64212247（总编室）

　　　　　010-64266119（事业部）　　　010-64248236（印制部）

责任编辑：徐　昕

排　　版：北京天逸合文化有限公司

印　　刷：北京建宏印刷有限公司

开　　本：787毫米×1092毫米　1/16

印　　张：12　　　　　　　　　　　字　数：262千字

版　　次：2024年9月第1版　　　　　印　次：2024年9月第1次印刷

书　　号：ISBN 978-7-5103-5377-2

定　　价：78.00元

前　言

　　水利工程是国民经济和社会持续稳定发展的重要基础和保障,是国民经济基础设施的重要组成部分,事关防洪安全、供水安全、经济安全。人多水少、水资源时空分布不均是我国的基本国情、水情。随着经济社会的不断发展,以及工业化进程及城镇化进程的加快,城市用水、工业用水快速增长。我国广大北方地区,尤其是山东半岛、黄淮海平原等经济发达和城市集群地区资源型缺水严重,水资源供需矛盾更加突出。

　　水利工程质量不仅关系着广大人民群众的切身利益,也涉及生命安全,在一定程度上也是国家经济科学技术以及管理水平的体现。因此,在水利工程的建设过程中,要对水利工程的质量全过程监督管理,工程质量检测是质量监督和管理的重要手段,检测成果是质量改进的依据,起着不可替代的作用。

　　水利工程建设具有特别强的专业性,需要综合运用多方面知识。经济学家认为,以最小投资在最短时间内获得最大利益,就是最成功的投资,而水利工程投资大、获利慢。因此,合理开发利用水利工程,大力发展高效水利经济,保障水利工程质量安全,是水利工程建设管理的重点任务。

　　本书是一本关于水利工程建设与水利经济研究的专著,共分为八章。它系统阐述了水利工程建设和水利经济相关内容,包括水利工程建设、施工及施工管理的主要内容,建设项目的资金筹措,水利工程项目划分及其费用组成,水利工程经济评价分析,以及社会经济环境影响评价等,希望帮助读者理解水利工程建设质量管理和经济发展之间的关系。

　　由于时间仓促,加之作者水平有限,书中疏漏之处在所难免,诚恳欢迎读者批评指正。

作者

2024 年 3 月

CONTENTS 目录

第一章 绪论

第一节 水与水资源

一、水与水资源概念

水是人类社会生存和发展的基本物质条件。人类的产生、生存及进化,无一不与水密切相关。人类社会的古代四大文明都以大河流域为发源地。古巴比伦文明发源于两河流域(幼发拉底河和底格里斯河流域),印度河、恒河流域是古印度文明的发源地,尼罗河孕育了古埃及文明,黄河、长江是中华民族的摇篮。现代世界上的大城市及人口密集区多数分布于江河两岸。水具有生产资料和生活资源的属性,是人民生活和经济建设中不可或缺的自然资源。地球上水体类型复杂,而水的使用价值又具有多样性,人们对水的可使用性认识不尽一致,目前对水资源尚未给出一个公认的统一的定义。广义水资源是指地球上的一切水体,包括海洋、江河、冰川地下水,以及大气中的水分等。《英国大百科全书》中将水资源定义为"自然界一切形态(液态、固态和气态)的水",狭义水资源是指在一定时段内可以恢复和更新的可供人类开发利用的淡水资源。狭义水资源强调水资源的再生性和可利用性。《中国水利百科全书》中认为"人类可利用的水资源主要指某一地区逐年可以恢复和更新的淡水资源"。

通常人们所指的水资源限于狭义的范畴,即与人类生活和生产活动以及社会进步息息相关的淡水资源,它不但要有可使用的"质",可利用的"量",同时要具备可得到补充更新的再生性,以保证可持续利用。因此,水资源量通常只计算降水形成的地表和地下产水量,即地表径流量和降水入渗量之和。

二、水资源的特点

(一)水资源的双重性

水资源既有造福于人类的一面,也有造成洪涝灾害使人类生命财产受到严重损失的一面。水资源质、量适宜,且时空分布均匀,将为区域经济发展、自然环境的良性循环和人类社会进步做出巨大贡献。水资源开发利用不当,就会制约国民经济发展,破坏人类的生存环境。例如,水利工程设计不当、管理不善,可能造成垮坝事故。水量过多或过少的季节和地区,往往又发生各种各样的自然灾害。水量过多容易造成洪水泛滥、内涝渍水;水量过少容易形成干旱、盐渍化等自然灾害。适量开采地下水,可为国民经济各部门和居民生活提供水源,满足生产、生活的需求;无节制、不合理地抽取地下水,往往引起地下水水位持续下降、水质恶化、水量减少、地面沉降,不仅影响生产发展,而且严重威胁人类生存。正是由于水资源的双重性质,在水资源的开发利用过程中尤其强调合理利用、有序开发,以达到兴利除害的目的。

(二)水资源利用的多样性

水资源是被人类在生产和生活中广泛利用的资源,不仅广泛应用于农业、工业和生活,还用于发电、水运、水产、旅游和环境改造等。在各种不同的用途中,有的是消耗性用水,有的则是非消耗性或消耗很小的用水,而且对水质的要求各不相同,这是能使水资源一水多用,充分发挥其综合效益的有利条件。

(三)水资源变化的复杂性

水资源在自然界中具有时空分布不均的特点。水资源在地区上分布是极不均匀的,年内、年际变化也较大。人类通过修建大量引蓄水工程,进行水资源的时空再分配。但是修建各种水利工程受到自然、地理、地质、技术和经济等多方面条件的限制,水资源永远不可能被全部利用。由于大气水、地表水、地下水的相互转化关系,对水资源的综合管理与合理开发利用是一项非常复杂的工作。

(四)水资源的循环性

水资源与其他自然资源的本质区别在于水资源所具有的流动性。它是在循环中形成的一种动态资源,具有循环性。水资源开采利用后,能得到大气降水的不断补给,处在不断开采、消耗、补给和恢复的循环中,这种循环往复的规律是水资源"取之不尽,用之不竭"的重要特点。但是,从水量动态平衡的观点来看,多年平均取用量一般不能超过多年平均补给量,否则将会给自然环境带来一系列的不良后果,在对地下水进行开采利用时,尤应注意。水资源的循环过程是无限的,但开采利用量是有限的,只有充分认识这一点,才能合理、有效地利用水资源。

(五)水资源是一种不可代替的自然资源

水资源是一种自然资源,它是人类生存和社会发展不可代替、不可缺少的资源。人类生存与社会发展对水资源的依赖程度远远大于其他资源,是一种极其重要的不可替代的自然资源。

第二节　水科学的发展

　　自然界中,水的演化规律具有复杂性,人类活动对天然水影响的日益加剧,致使水问题越发突出,从而极大地影响和制约了人类社会的生存与发展。高新技术在水科学研究中的应用,有力地推动了水科学的研究进程。水科学包含了水文学、水资源、水环境、水工程、水经济、水信息、水文化、水法律、水教育、水安全等多个分支学科。

　　例如,对水文学研究引入的新理论和新方法有神经网络模型、灰色模型、遗传算法、分形、混沌理论等。水文预报方法中数学模型的研究由黑箱模型发展到概念性模型,这一领域的研究主要集中在概念性模型的参数识别、模型参数的实时矫正技术。随着地理信息系统(CIS)空间信息处理技术及相应计算机软件、高性能微机工作站及数字地形高程(DEM)等技术的出现,使得与水文水环境有关的地理空间数据的获取、管理、分析、模拟和显示变为可能,开始出现了分布式物理水文模型和半分布式物理水文模型等新的洪水预报模型,其中分布式物理水文模型将得到较快的发展。水文学的主攻方向是区域尺度大气输入和分布式水文模型相耦合、新技术体系在流域水文学上的应用,以及建立数学模型模拟人类活动影响下的地下、地表水质和水量的变化情况。数字地球、数字流域概念的提出,进一步推动了水文水资源科学的发展。地理信息系统(GIS)、全球定位系统(GPS)和遥感技术(RS),即"3S"系统,在水文水资源研究和应用领域的应用,使开发整个流域的产汇流过程,对洪水演进和淹没进行三维空间的动态模拟仿真系统成为可能,这些技术的发展无疑对防洪部门的决策具有重要参考价值。

　　又如,河流水污染是人们普遍关注的主要环境问题之一,建立水环境质量监测网,跟踪研究水环境质量因子在河流中的变化情况,预测河流水环境质量的变化趋势,建立河流生态环境预警系统,如果某个或某些水环境质量因子的发展趋势向着河流生态环境质量恶化的方向发展,并接近生态环境可允许的边缘时,通过发出警报,人们能够及时采取措施预防和治理。利用GIS对空间数据的处理能力及模型的模拟能力,可研究不同的土地利用方式对流域水文和水质的影响。目前,出现了一种电动力学修复技术,既能修复受污染的土壤和地下水而又不会破坏生态环境,成为修复技术的发展方向。此外,水污染经济损失评估、湖泊富营养化机制、生态环境评价指标体系等方面也是环境水利学科研究的热点问题。

　　再如,农田水利研究以农田节水、作物高产为中心,涵盖了节水灌溉理论与方法、节水灌溉综合技术体系、灌溉排水技术与方法等方面的研究。土壤水研究现已从单学科走向多学科交叉,如水热和溶质的耦合运移,土壤—植物—大气连续体中的水热运移等。为了缓解农业用水紧张状况或为了提高灌溉水利用率、提高水分生产率、增加用水者的经济效益或减少劳动力和动力消耗而采取的节水措施主要有：①输配水过程有渠系改建、渠道防渗、管道化输水灌溉、灌区现代化管理；②田间输水过程有水平畦田灌、喷灌、滴灌、渗灌、小管出流、波涌灌（浑水波涌灌）、膜上（下）灌、有限灌溉（限水灌溉、非充分灌溉、调亏灌溉）、集雨灌溉；③作物吸收转化过程有坐水种，以及机械保墒、化学保墒、秸秆（薄膜）覆盖等。

节水灌溉出现的新概念、新方法还有地下滴灌、微喷灌、节水控盐灌溉、控制性分根交替灌溉、微咸水灌溉等。灌区现代化管理是获得灌区系统的最优运行、充分发挥工程效益的良好手段。自动化、GIS、GPS、RS、水情自动测报系统等技术的发展，为实现灌区管理现代化提供了技术支持。激光平地技术在美国等发达国家被视为地面灌溉最重要的进展之一。

波涌灌溉利用了致密层在发展中不断减小田面糙率与土壤入渗特性这一客观规律，逐次为以后各周期的灌溉水流创造了一个加速水流推进与提高减渗效果的新界面。浑水波涌灌溉则是利用含沙量较高的水进行波涌灌溉，能够起到更加明显的效果。地下滴灌是目前节水效应最为显著的灌水方式之一，它具有微灌的所有优点，又在生态环境保护方面效果明显，将农、水和生态等学科交叉融合，统一考虑地下滴灌技术参数组合与作物生长发育和水肥利用的关系，能较好地协调土壤水、肥、气等状况，防止土壤板结，为作物创造良好的生长环境，具有明显的节水增产效益。分析节水灌溉技术的不同尺度影响，GIS在节水评价中的应用也是当前研究的热点问题。

水科学的研究已经进入了一个全新的发展时期，研究的对象已经向微观和宏观两个领域的深层次发展，研究的尺度也呈现区域、流域、全球平行发展的态势，各尺度的转换问题研究是当今水科学研究的前沿课题之一，水科学与多学科的交叉仍然是水科学由理论转向实际的重要手段。

第三节　我国水利建设的发展与未来水利工程运行管理

一、我国的水能资源及开发状况

水电在我国能源中的地位逐步上升，大力发展水电成为能源建设的战略组成部分。但是，对于水电发展的认识存在一定的偏差，发展水电和停止发展水电的争论异常激烈，特别是在一些流域如怒江，这种争论达到白热化程度。不可否认，水电的发展对环境产生了一定的影响。所以，现在提倡绿色水利，但绿色水利并不只是在水利前面加上"绿色"的定语，它应具有新的深刻的内涵。所谓绿色水利，是指在水资源开发、利用和废弃全过程中保护生态环境且节水高效地利用水资源的行为与文化。绿色水利还包含以下四个基本的思想。

第一，环境思想，水利发展必须将环境保护放在重要的位置，这不仅是时代发展的要求，也是水利发展过程中水利持续发展的自身要求。

第二，生命周期性的思想，它从水资源开发利用、废弃等全过程考察水资源与环境的关系，充分体现了水利生命周期的思想，对水利的发展必将起到积极的推动作用。

第三，节水高效利用水资源的思想，节水高效利用水资源是构成绿色水利的重要思想之一，如果不将节水高效利用纳入绿色水利的范畴，绿色水利则难以实现。

第四，绿色＋水利＋文化的思想，随着水利与生态环境关系矛盾的激化，绿色、水利与文化的有机结合是一种趋势，绿色水利文化的形成对绿色水利的建设和积极发展将起到无形又很稳固的支撑作用。

二、水利事业

水利是人类社会为了生存和发展的需要，采取各种措施对自然界的水和水域进行控制和调配，以防治水旱灾害，开发利用和保护水资源的活动。研究这类活动及其对象的技术理论和方法的知识体系称为水利科学。为了充分利用水资源，研究自然界水资源，对河流进行控制和改造，采取工程措施，合理使用和调配水资源，以达到除害兴利的各部门从事的事业统称为水利事业。

水利事业的根本任务是除水害和兴水利。除水害，主要是防止洪水泛滥和旱涝成灾；兴水利，则是从多方面利用水资源为人类服务。主要措施有兴建水库，加固堤防，整治河道，增设防洪道，利用洼地、湖泊蓄洪，修建提水泵站及配套的输水渠和隧洞。水利事业的效益主要有防洪、农田水利、水力发电、工业及生活供水、排水、航运、水产及旅游等。

三、我国水利建设的发展史

（一）中国古代水利工程

几千年来，我国广大劳动人民曾为开发水利资源，治理水患灾害进行了艰苦卓绝的斗争，取得了光辉的业绩，积累了宝贵的经验，建设了一些成功的水利工程。

1.灌溉工程

古代各朝代统治者都比较重视水利，修建了大量的灌溉渠道，其中有代表性的有：春秋时期楚相孙叔敖修建的芍陂；战国时期秦国蜀郡太守李冰修建的都江堰；水工郑国修建的郑国渠；西汉时开凿的漕渠、六辅渠、白渠，西北地区的坎儿井；唐代在甬江支流鄞江上修建的御咸蓄淡引水灌溉枢纽工程它山堰等。

（1）芍陂

芍陂为中国古代淮河流域水利工程，又称安丰塘，位于今安徽寿县南。芍陂引入白芍亭东成湖,东汉至唐可灌田万顷。隋唐时属安丰县境,后萎废。1949年后经过整治,现蓄水约7300万 m³,灌溉面积420 km²。

（2）都江堰

都江堰位于都江堰市区西1 km,是秦国蜀郡太守李冰率众于公元前256年前后创建的一座运用水动力学原理,采用无坝引水建筑形式的古代大型水利工程。都江堰选择具有得天独厚自然条件的岷江出山口与成都扇形平原顶端结合部作堰址,凿开玉垒山伸同江心的余脉,形成坚固的、水量可控制的宝瓶口引水口;在岷江弯道江心做鱼嘴分水堤,分水分沙;在鱼嘴分水堤与宝瓶口引水口之间构造飞沙堰泄洪道,自动泄洪排沙。都江堰主体工程规划科学,布局合理,巧妙配合,联合发挥了分水、导水、塑水、引水和泄洪排沙的功能,形成了科学的完整的调控自如的工程体系。都江堰修建以来,基本实现了水分"四六",外江泄走六成,既保证内江灌区用水需要,又防止灾害发生。都江堰水利工程创造了人与自然和谐共存的水利形式,直接影响了中国广大地域。这种工程形式展示了古代水利规划顺应自然、保护自然的思想,被国外环境和水利专家誉为"亲自然的水利工程"。

（3）郑国渠

郑国渠首位于今天的泾阳县西北25 km处的泾河北岸,即今王桥镇的船头村西。当时,因其具有进水口水量大、水流流速快的特点,且容易造成渠岸两壁黄土崩塌的情况,于是人们发明了拱形地下渠道,使渠壁拱卷有力,不易塌陷。这极大地提高了郑国渠渠首的质量。又为了便于施工和掌握水流方向、深浅,便间隔一段开凿一井,俗称"龙眼"或"天窗",这都是当时人类伟大聪明智慧的结晶。郑国渠的作用不仅仅在于它发挥灌溉效益的100余年,还在于开了引泾灌溉之先河,对后世引泾灌溉产生了深远的影响。秦以后,历代继续在这里完善其水利设施:先后历经了汉代的白公渠、唐代的三白渠、宋代的丰利渠、元代的王御史渠、明代的广惠渠和通济渠、清代的龙洞渠等。

汉代有民谣:"田于何所?池阳谷口。郑国在前,白渠起后。举臿如云,决渠为雨。水流灶下,鱼跃入釜。泾水一石,其泥数斗,且溉且粪,长我禾黍。衣食京师,亿万之口。"称颂的就是引泾工程。郑国渠是我国战国时期继西门豹治邺建成漳水十二渠、秦国蜀郡太守李冰建成都江堰之后的又一大型水利工程,它在规划、设计、施工,以及用洪用沙方面都有许多独到之处,是我国古代水利史上的首创。

（4）它山堰

它山堰位于宁波市鄞县鄞江镇西南它山旁,建于公元833年(唐太和七年)。它山堰长134.4 m,面宽4.8 m,皆用长2～3 m、宽0.2～0.35 m条石砌筑,左右各36石级。堰面全部用条石砌筑而成,堰身为木石结构,有逾抱大梅木枕卧堰中,历千余年不腐,被称为"它山堰梅梁"。修建它山堰的目的是抵御潮汐,使海水与江河分流,咸淡阻隔。江河水经过该堰分流两道:一支入月湖,另一支入鄞江和奉化江,灌溉千亩良田,化水害为水利。它山堰与郑国渠、灵渠、都江堰同为中国古代四大水利工程。迄今千余年,历经洪水冲击,仍基本完好,继续发挥阻咸、蓄淡、引水、泄洪作用。1988年12月28日,国务院公布它山堰为国家重点文物保护单位。

2.运河工程

运河工程有代表性的有:秦代时的灵渠,隋代时开凿的京杭大运河,元代时开凿的会通河、通惠河等。

(1)灵渠

灵渠建成于公元前214年(秦始皇三十三年),是跨越湘江水系和珠江水系的古运河,位于湘桂走廊中心兴安县境内,与陕西的郑国渠、四川的都江堰并称为"秦的三大水利工程"。郭沫若先生称其为:"与长城南北相呼应,同为世界之奇观。"灵渠历史悠久,设计精巧,全长37 km,由铧嘴、大小天平、南渠、北渠、泄水天平和陡门组成。将海洋河水三七分流,三分入漓江,七分入湘江,沟通了长江、珠江两大水系。

公元前221年,秦始皇统一北方六国之后,又于公元前211年对浙江、福建、广东、广西地区的百越发动了大规模的征服活动。秦国在战场上节节胜利,唯独在两广地区苦战三年,毫无建树,原来是因为广西的地形地貌导致运输补给供应不上,所以改善和保证交通补给成了这场战争成败的关键。秦始皇运筹帷幄,命令史禄劈山凿渠。史禄通过精确计算终于在兴安开凿了灵渠,奇迹般地把长江水系和珠江水系连接了起来,使援兵和补给源源不断地运往前线,推动了战事的发展,最终把岭南的广大地区正式地划入了中原王朝的版图。

(2)京杭大运河

举世闻名的京杭大运河,是世界上开凿最早、最长的一条人工河道。大运河北起北京,南达杭州,流经北京、河北、天津、山东、江苏、浙江六个省市,沟通了海河、黄河、淮河、长江、钱塘江五大水系,全长1794 km。在中华民族的发展史上,为发展南北交通,沟通南北之间经济、文化等方面的联系做出了巨大的贡献。京杭大运河从公元前486年始凿,至公元1293年全线通航,前后共持续了1779年。在漫长的岁月里,主要经历三次较大的兴修过程。

第一次是在公元前5世纪的春秋末期。当时统治长江下游一带的吴王夫差,为了北上伐齐,争夺中原霸主地位,调集民夫开挖自今扬州向东北,经射阳湖到淮安入淮河的运河(今里运河),因途经邗城,故得名"邗沟",全长170 km,把长江水引入淮河,成为大运河最早修建的一段。

第二次是在公元7世纪初隋代统一全国后,为了控制江南广大地区,使长江三角洲地区的丰富物资运往洛阳,隋炀帝为供自己玩乐,于公元603年下令开凿从洛阳经山东临清至河北涿郡(今北京西南)长约1000 km的"永济渠";又于公元605年下令开凿洛阳到江苏清江（淮阴）约1000 km长的"通洛渠"；再于公元610年开凿江苏镇江至浙江杭州（当时的对外贸易港）长约400 km的"江南运河"；同时对邗沟进行了改造。这样，洛阳与杭州之间全长1700多km的河道，可以直通船舶。

第三次是在13世纪末元朝定都北京后，为了使南北相连，不再绕道洛阳，花了10年时间，先后开挖了"洛州河"和"会通河"，把天津至江苏清江之间的天然河道和湖泊连接起来，清江以南接邗沟和江南运河，直达杭州，而北京与天津之间，原有运河已废，又新修"通惠河"。这样，新的京杭大运河比绕道洛阳的大运河缩短了900多km。

此外，还有历代的治黄工程，如大禹治水、西汉武帝时治黄、东汉王景治黄等；海塘工程，如五代十国时吴越修筑捍海塘等。

（二）我国现代水利建设成就

在水利建设中，江河干支流上加高加固和修建了大量堤防，整治江河，提高了防洪能力。修建了官厅、佛子岭、大伙房、密云、岳城、潘家口、南山、观音阁、桃林口、江垭等大型水库，为防洪、蓄水服务。修建了三门峡、青铜峡、丹江口、满拉、乌鲁瓦提等水利枢纽，是防洪、蓄水、发电等综合利用的。这些工程中有各种形式的高坝，使我国坝工技术有了飞跃的发展。在灌溉工程方面，修建了人民胜利渠，是黄河下游第一个引黄灌溉渠，还修建了淠史杭灌区、内蒙古引黄灌区、林县红旗渠、陕甘宁盐环定扬黄灌区、宁夏扬黄灌区等，首创了拍卖荒山、荒沟、荒丘、荒滩地的"四荒"资源使用权，推广了自行筹资、自行建设、自行收费、自行还贷、自行管理的"五自"经验，促进了农田水利建设的发展。在水土保持方面，大规模进行江河上游的小流域治理，修建谷坊、淤地坝，建设梯田，植树种草，改善当地生态环境，减少入河泥沙，取得了很大成效，积累了丰富经验。在跨流域引水工程方面，修建了东港供水、引滦入津、南水北调东线一期、引黄济青、万家寨引黄入晋。我国取水、输水、灌溉技术达到国际水平。

2008年至2015年建造的向家坝水电站位于云南省水富市与四川省宜宾市叙州区交界的金沙江下游河段上，距水富城区仅1500 m，是金沙江水电基地最后一级水电站，这座水电站由三峡集团修建。上距溪洛渡水电站坝址157 km，电站拦河大坝为混凝土重力坝，坝顶高程384 m，最大坝高162 m，坝顶长度909.26 m。坝址控制流域面积45.88万 km²，占金沙江流域面积的97%，多年平均径流量3810 m³/s。水库总库容51.63亿 m³，调节库容9亿 m³，回水长度156.6 km。电站装机容量775万 kW，保证出力2009 kW，多年平均发电量307.47亿 kW·h。静态总投资约542亿元，动态总投资为519亿元，是中国第三大、世界第五大水电站。

2014年竣工的溪洛渡水电站是国家"西电东送"骨干工程，位于四川和云南交界的金沙江。工程以发电为主，兼有防洪、拦沙和改善上游航运条件等综合效益，并可为下游电站进行梯级补偿。电站主要供电华东、华中地区，兼顾川、滇两省用电需要，是金沙江"西电东送"距离最近的骨干电源之一，也是金沙江上最大的一座水电站。

装机容量与原来世界第二大水电站——伊泰普水电站(1400万kW)相当,是中国第二大、世界第三大水电站。

2017年竣工的乌东德水电站位于云南省禄劝县和四川省会东县交界,总装机容量1020万kW,是金沙江下游四个梯级电站(乌东德、白鹤滩、溪洛渡、向家坝)的第一梯级,为中国第四大、世界第七大水电站。其挡水建筑物为混凝土双曲拱坝,坝顶高程988 m,最大坝高270 m,底厚51 m,厚高比仅为0.19,是世界上最薄的300 m级特高拱坝,也是世界首座全坝应用低热水泥混凝土浇筑的特高拱坝。

白鹤滩水电站位于四川省宁南县和云南省巧家县境内,是金沙江下游干流河段梯级开发的第二个梯级电站,具有以发电为主,兼有防洪、拦沙、改善下游航运条件和发展库区通航等综合效益。水库正常蓄水位825 m,相应库容206亿 m^3 地下厂房装有16台机组,初拟装机容量1600万kW,多年平均发电量602.4亿kW·h。电站计划2013年主体工程正式开工。电站建成后,仅次于三峡水电站成为中国第二大水电站。拦河坝为混凝土双曲拱坝,高289 m,坝顶高程834 m,顶宽13 m,最大底宽72 m。2021年4月,白鹤滩水电站正式开始蓄水,首批机组投产发电开始了全面冲刺。2021年5月,白鹤滩水电站入选世界前十二大水电站。2021年6月28日,白鹤滩水电站正式投产发电。

还在勘测阶段的墨脱水电站位于西藏雅鲁藏布江下游米林县派村(区)至墨脱县希让村的260 km"大拐弯"峡谷段,该河段落差为2350 m,派镇的多年平均流量600亿 m^3。河弯直线距离35km,可打巨型隧洞引水,沿西让曲河谷布局六个1000万kW的大型水电站,每个电站利用400 m落差。总装机6000万kW。成为世界第二的超级水电站。穿过喜马拉雅山至墨脱城下游发电。西藏全区水能资源理论蕴藏量2.055亿kW,约占全国水能资源理论蕴藏量的1/3,居全国首位,主要集中分布在藏东南地区,其中:雅鲁藏布江干流曲松米林河段约500万kW,干流大拐弯河段约4800万kW,支流帕隆藏布河段约700万kW,藏东的怒江干流上游河段1422万kW,澜沧江干流上游河段636万kW,金沙江干流上游河段1666万kW,总计约9724万kW。其容量规模约为三峡水电站的5倍。

在水利科技方面,水文、水利地质、河流动力学、泥沙、水工结构、岩土工程、水工材料、防洪、灌溉、发电、水土保持、水质保护、施工技术等方面的科技,都有很大发展,为水利建设做出了贡献,特别是高新技术在水利科技中的应用有了很大发展,如计算机数学模型分析、遥感技术、卫星通信等。我国水利建设的成就在很大程度上依靠水利科技的进步。

由此可见,我国水利建设取得了伟大成就,这依靠的是社会主义制度的优越性,并得到全社会的支持和全体水利工作人员的拼搏奋斗。

四、未来水利工程运行管理

(一)突出加强小型水库运行安全管理

小型水库是农村生产生活的重要基础设施,加强小型水库安全运行管理是全面建成小康社会的重要保障。当前,部分小型水库经过多年运行,功能逐步减弱,受重视程度逐渐降低,有些小型水库年久失修,安全隐患突出,已成为水利工程运行监管的重点和难点。为加快扭转小型水库的管理现状,要求各地按照水利部的统一部署,将小型水库的运行管理放在更加突出位置,建立省级负总责、市县抓落实的工作机制,从落实安全责任、完善制度体系、摸清工程状况、消除安全隐患、加强问题整改、深化体制改革、提高信息化水平、提升监测预警能力、推进规范化管理九个方面,着力加强小型水库安全运行管理。争取利用三年时间,基本实现职责明确、机制完善、制度健全、管理规范、监管有力的小型水库运行管理新局面。为保证如期完成目标任务,我们还将制定考核办法和评估标准,加强对小型水库运行管理和三年行动执行进展的监督检查,确保三年行动取得实效。

(二)大力夯实水利工程管理基础工作

准确掌握水利工程数量和基础信息,摸清家底、掌握底数,是实现管理全覆盖、监督无死角的重要基础,当前要将摸清水利工程底数作为水利工程运行管理工作的一项重要任务,为补短板强监管奠定扎实基础。一是抓紧完善水库基础数据。目前全国仍有部分水库大坝未注册登记,基本上都是小型水库,要督促指导有关单位抓紧组织办理水库大坝申报、审核和发证手续,尽快将相应的基础信息入库,完善全国水库大坝基础信息数据库。二是尽快摸清堤防水闸基础数据。目前堤防水闸工程基础数据掌握较少,基础薄弱,要加快堤防水闸工程基础数据库建设,尽快完成堤防水闸基础数据填报审核入库,要组织开展全国水闸工程注册登记,组织重点堤防险工险段的排查复核,摸清堤防水闸工程基本情况。

(三)加快完善水利工程运行管理制度标准

水利工程运行管理制度和技术标准,是运行管理工作的基础。要全面梳理现行水利工程运行管理制度,摸清需求,制定规划,按照轻重缓急和发展的要求,开展相关管理制度和技术标准的制修订工作。一是修订小型水库安全管理办法。一些属于政策层面的问题还需要完善顶层设计,要根据补短板强监管的要求,抓紧修订完成小型水库安全管理办法。二是完善小型水库管理制度和技术要求。现行水库管理制度、技术标准,大多要求小型水库参照执行,缺乏有效指导。根据小型水库运行管理特点,抓紧研究制定安全鉴定、调度运用方案、年度报告等管理制度,确保各项制度切实可行、易于操作。三是完善水闸堤防管理制度和技术标准。依据现行法律法规和相关制度,结合堤防、水闸的运行管理实际,组织制定堤防、水闸工程运行管理办法,尽快填补堤防水闸管理制度空白,为规范工程管理行为提供制度依据。

(四)全面掌握水利工程安全状况

准确掌握工程安全状况,确保工作运行安全,是水利工程运行管理的首要目标任务。一是开展小型病险水库抽查复核。要摸清今后三年拟实施除险加固的小型病险水库数量和初步名单,采取书面核查和现场核查相结合的方式,对安全鉴定或安全认定成果进行抽查复核,针对病险问题和工程实际提出治理方案。二是积极推进水库大坝降等报废。组织开展摸底调查,全面掌握拟实施降等报废的水库数量和初步名单。总结地方经验做法,分析突出困难和问题,从政策层面和实施角度完善相关程序和技术要求,编制水库降等报废实施方案,积极争取中央财政专项奖补资金,全力推进水库降等报废工作。三是建立堤防险工险段名录。根据堤防工程运行管理实际,结合历史出险等情况,制定堤防险工险段判别指南,组织开展堤防险工险段排查,通过重点抽查复核,初步建立3级以上堤防险工险段名录。四是做好病险水闸核查。推进水闸工程安全鉴定工作,逐级建立病险工程名录,适时组织开展安全鉴定成果核查,积极推动大中型病险水闸除险加固,及早消除安全隐患。

(五)继续深化水利工程管理体制改革

管理体制不顺、机制不活是水利工程运行管理的突出短板和薄弱环节,必须将深化水利工程管理体制改革作为水利工程补短板的重要手段,继续加以推进。目前我国以小型水库管理体制改革为重点,整体推进各类小型水利工程改革工作,全力打好小型水利工程管理体制改革攻坚战。一是开展改革示范县创建,以落实小型水库管理机构、管护人员和管护经费为重点,创建小型水库管理体制改革示范县,积极探索适合小型水库管理的专业化、社会化多种管理模式,形成可复制、易推广的好做法、好经验,整体推进改革工作。二是积极筹措管理经费,通过水利部积极争取财政补助资金专项用于小型水库管护工作。督促各地切实管好用好此项资金,充分发挥中央资金的引导撬动作用,积极协调地方财政加大小型水库管护经费补助力度,推进管护经费全面落实。三是深入推进管养分离。国有水利工程要继续巩固改革成果,稳定两项经费渠道,管好用好维养资金。要把管养分离作为改革重点,引入市场竞争机制,推动维修养护专业化、社会化、市场化,部直属水利工程要规范维修养护招投标行为。

(六)强力推动水利工程运行管理信息化

信息化是水利工程管理现代化的必然途径,我们要把水利工程运行管理信息化建设作为补短板强监管的重要手段,大力推进智慧水利工程运行管理建设,强化信息技术与工程管理的深度融合,提高水利工程运行管理、监测预警和安全监管能力,提升现代化管理水平。当前要先期启动或完善相关管理信息系统和平台建设,为水利工程运行管理信息化水平整体提升奠定基础。一是实现水库信息实时查询。在完善水库基础信息数据库的基础上,抓紧开发推广使用全国水库大坝基础数据信息管理手机App,实现基础信息实时查询。二是推进大型水库实时监测。扎实推进全国大型水库大坝安全监测监督平台一期工程建设。三是加强工程安全监测预警。逐步推动完善水雨情监测和大坝安全监测预警设施,推进重点堤防和水闸安全监测系统建设,逐步建立工情、水情自动采集、远程传输、定期分析、自动预警相结合的现代化监测体系。

(七)切实抓好水利工程督查整改和管理考核

始终把强监管作为有效提升水利工程管理水平的重要抓手,持续深入开展督导检查和问题整改。一是积极做好专项督查工作。以基础条件差、安全风险高、管理条件薄弱的小型水库为重点。同时有针对性地开展水利工程运行管理检查,进一步查找水利工程运行管理中存在的问题,为全面加强工程运行管理工作提供决策支撑。二是狠抓专项督查发现问题整改落实。我们将全面梳理专项督查和运行管理检查中发现的问题,认真归纳共性问题和突出问题,深入分析问题产生的原因,有针对性地研究提出整改措施,从完善制度、强化监管的层面推动问题整改。三是深入开展水利工程管理考核,鼓励各地大力开展考核工作,发挥好典型工程的示范引领作用,巩固考核成效,不断提高管理水平。

第二章 水利工程建设概述

第一节 水利工程建设的特点

一、水利工程建筑产品特点

水利工程施工的最终成果是水利工程建筑产品。水利工程建筑产品与其他工程建筑产品一样,但与一般工业产品不同,其具有体型庞大、整体难分、不能移动等特点。同时,水利建筑产品还有着与其他建筑产品不同的特点。只有对水利工程建筑产品的特点及其生产过程进行研究,才能更好地组织建筑产品的生产,保证产品的质量。

(一)与一般工业产品相比

1.固定性

水利工程建筑产品与其他工程的建筑产品一样,是根据使用者的使用要求,按照设计者的设计图纸,经过一系列的施工生产过程,在固定点建成的。建筑产品的基础与作为地基的土地直接联系,因而建筑产品在建造中和建成后是不能移动的,建筑产品建在哪里就在哪里发挥作用。在有些情况下,一些建筑产品本身就是土地不可分割的一部分,如油气田、桥梁、地铁、水库等。固定性是建筑产品与一般工业产品的最大区别。

2.多样性

水利工程建筑产品一般是由设计和施工部门根据建设单位(业主)的委托,按特定的要求进行设计和施工的。由于对水利工程建筑产品的功能要求多种多样,对每一水利建筑产品的结构、造型、空间分割、设备配置都有具体要求。即使功能要求相同,建筑类型相同,但由于地形、地质等自然条件不同,以及交通运输、材料供应等社会条件不同,在建造时施工组织施工方法也存在差异。水利工程建筑产品的这种特点决定了水利工程建筑产品不能像一般工业产品那样进行批量生产。

3.体积庞大

水利工程建筑产品是生产与应用的场所,要在其内部布置各种生产与应用必要的设备与用具,因而与其他工业产品相比,水利工程建筑产品体积庞大,占有广阔的空间,排他性很强。因其体积庞大,水利工程建筑产品对环境的影响很大,必须控制建筑区位密度等,建筑必须服从流域规划和环境规划的要求。

4.高值性

能够发挥投资效用的任一项水利工程建筑产品,在其生产过程中耗用大量的材料、人力、机械及其他资源,不仅是形体庞大,而且造价高昂,动辄数百万、数千万、数亿元,特大的水利工程项目其工程造价可达数十亿、数百亿、数千亿元。产品的高值性也是其工程造价,关系到各方面的重大经济利益,同时也会对宏观经济产生重大影响。

(二)与其他建筑产品相比

1.水利建筑产品进入地下部分比重较大

水利建筑产品是建筑产品的一类。但是就水利建筑产品与其他建筑产品(如工业与民用建筑道路建筑等)又有所不同。主要特点在水利工程,进入地下的部分比其他的建筑工程比重要大,枢纽工程、闸坝、桥(涵)、洞(涵)都具有这一特点。

2.水利建筑产品临时工程比重较大

水利工程的建设除建设必需的永久工程外,还需要一些临时工程。如围堰、导流、排水临时道路等。这些临时工程大多是一次性的,主要功能是提供永久建筑物的施工和设备的运输安装。因此,临时工程的投资比较大,根据不同规模、不同性质,所占总投资比重一般为10%~40%。

二、水利工程建筑施工特点

(一)施工生产的流动性

水利工程建筑产品施工的流动性有两层含义。

第一,由于水利工程建筑产品是固定地点建造的,生产者和生产设备要随着建筑物建造地点的变更而流动,相应材料、附属生产加工企业、生产和生活设施也经常迁移。第二,由于水利工程建筑产品固定在土地上,与土地相连,在生产过程中,产品固定不动,人、材料、机械设备围绕着建筑产品移动,要从一个施工段转移到另一个施工段,从水利工程的一个部分转移到另一个部分。这一特点要求通过施工组织设计,能使流动的人、机、物等相互协调配合,做到连续均衡施工。

(二)施工生产的单件性

水利工程建筑产品施工的多样性决定了水利工程建筑产品的单件性。每项建筑产品都是按照建设单位的要求进行施工的都有其特定的功能、规模和结构特点,所以工程内容和实物形态都具有个别性、差异性。而工程所处的地区、地段不同更增强了水利工程建筑产品的差异性,同一类型工程或标准设计,在不同的地区、季节及现场条件下,施工准备工作施工工艺和施工方法不尽相同,所以水利工程建筑产品只能是单件产品,而不能按通过定型的施工方案重复生产。这一特点就要求施工组织实际编制者考虑设计要求、工程特点、工程条件等因素,制定可行的水利工程施工组织方案。

(三)施工生产过程的综合性

水利工程建筑产品的施工生产涉及施工单位、业主、金融机构、设计单位、监理单位、材料供应部门、分包单位等多个单位、多个部门的相互配合、相互协助,这决定了水利工程建筑产品施工生产过程具有很强的综合性。

(四)施工生产受外部环境影响较大

水利工程建筑产品体积庞大,使水利工程建筑产品不具备在室内施工生产的条件,一般都要求露天作业,其生产受到风、霜、雨、雪、温度等气候条件的影响;水利工程建筑产品的固定性决定了其生产过程会受到工程地质、水文条件变化的影响,以及地理条件和地域资源的影响。这些外部因素对工程进度、工程质量、建造成本都有很大影响。这一特点要求水利工程建筑产品生产者提前进行原始资料调查,制定合理的季节性施工措施、质量保证措施、安全保证措施等,科学组织施工,使生产有序进行。

(五)施工生产过程具有连续性

水利工程建筑产品不能像其他许多工业产品一样可以分解若干部分同时生产,而必须在同一固定场地上按严格程序继续生产,上一道工序不完成,下一道工序不能进行。水利工程建筑产品是持续不断的劳动过程的成果,只有全部生产过程完成,才能发挥其生产能力或使用价值。一个水利建设工程项目从立项到使用要经历多个阶段和过程,包括设计前的准备阶段、设计阶段、施工阶段、使用前准备阶段(包括竣工验收和试运行)和保修阶段。这是一个不可间断的、完整的周期性生产过程,要求在生产过程中各阶段、各环节、各项工作有条不紊地组织起来,在时间上不间断,空间上不脱节。要求生产过程的各项工作必须合理组织、统筹安排,遵守施工程序按照合理的施工顺序科学地组织施工。

(六)施工生产周期长

水利工程建筑产品的体积庞大决定了建筑产品生产周期长,有的水利工程建筑项目,少则1~2年,多则3~4年、5~6年,甚至10年以上。因此它必须长期大量地占用和消耗人力、物力和财力,要到整个生产周期完结才能出产品。故应科学地组织建筑生产,不断缩短生产周期,尽快提高投资效益。

第二节　水利工程建设项目的划分

一、建筑工程

(一)枢纽工程

枢纽工程是指水利枢纽建筑物(含引水工程中的水源工程)和其他大型独立建筑物,包括挡水工程、泄洪工程、引水工程、发电厂工程、升压变电站工程、航运工程、鱼道工程、交通工程、房屋建筑工程和其他建筑工程。其中,挡水工程等前七项称为主体建筑工程。

(1)挡水工程。包括挡水的各类坝(闸)工程。

(2)泄洪工程。包括溢洪道、泄洪洞、防空洞等工程。

(3)引水工程。包括发电引水明渠、进(取)水口、调压井、高压管道等工程。

(4)发电厂工程。包括地面、地下各类发电厂工程。

(5)升压变电站工程。包括升压变电站、开关站等工程。

(6)航运工程。包括上下游引航道、船闸、升船机等工程。

(7)鱼道工程。根据枢纽建筑物布置情况,可独立列项,与拦河坝相结合的,也可作为拦河坝工程的组成部分。

(8)交通工程。包括上坝、进厂、对外等场内外永久公路、桥梁、铁路、码头等交通工程。

(9)房屋建筑工程。包括为生产运行服务的永久性辅助生产厂房、仓库、办公、生活及文化福利等房屋建筑和室外工程。

(10)其他建筑工程。包括内外部观测工程,动力线路(厂坝区),照明线路,通信线路,厂坝区及生活区供水、供热、排水等公用设施工程,厂坝区环境建筑工程,水情自动测报系统工程及其他。

(二)引水工程及河道工程

引水工程及河道工程是指供水、灌溉、河湖整治、堤防修建与加固工程。包括供水、灌溉渠(管)道、河湖整治与堤防工程,建筑物工程(水源工程除外),交通工程,供电设施工程,其他建筑工程。

(1)供水、灌溉渠(管)道、河湖整治与堤防工程。包括渠(管)道工程、清淤疏浚工程、堤防修建与加固工程等。

(2)建筑物工程。包括泵站、水闸、隧洞、渡槽、倒虹吸、跌水、小水电站、排水沟(涵)、调蓄水库工程等。

(3)交通工程。指永久性公路、铁路、桥梁、码头工程等。

④供电设施工程。指为工程生产运行供电需要架设的输电线路及变配电设施工程。

⑤其他建筑工程。包括内外部观测工程;照明线路,通信线路,厂坝(闸、泵站)区及生活区供水、供热、排水等公用设施工程;工程沿线或建筑物周围环境建设工程;水情自动测报系统工程及其他。

二、机电设备及安装工程

(一)枢纽工程

枢纽工程是指构成该组工程固定资产的全部机电设备及安装工程,由发电设备及安装工程、升压变电设备及安装工程和公用设备及安装工程三项组成。

(1)发电设备及安装工程。包括水轮机、发电机、主阀、起重机、水力机械辅助设备、电气设备等设备及安装工程。

(2)升压交电设备及安装工程。包括主变压器、高压电气设备、一次拉线等设备及安装工程。

(3)公用设备及安装工程。包括通信设备,通风采暖设备,机修设备,计算机监控系统,管理自动化系统,全厂接地及保护网,电梯,坝区供电设备,厂坝区及生活区供水、排水、供热设备,水文、泥沙监测设备,水情自动测报系统设备,外部观测设备,消防设备,交通设备等设备及安装工程。

(二)引水工程及河道工程

引水工程及河道工程是指构成该工程固定资产的全部机电设备及安装工程,一般由泵站设备及安装工程、小水电站设备及安装工程、供变电工程和公用设备及安装工程四项组成。

(1)泵站设备及安装工程。包括水泵、电动机、主阀、起重设备、水力机械辅助设备、电气设备等设备及安装工程。

(2)小水电站设备及安装工程。其组成内容可参照枢纽工程的发电设备及安装工程和升压变电设备及安装工程。

(3)供变电工程。包括供电、变配电设备及安装工程。

(4)公用设备及安装工程。包括通信设备,通风采暖设备,机修设备,计算机监控系统,管理自动化系统,全厂接地及保护网,坝(闸、泵站)区馈电设备,厂坝(闸、泵站)区供水、排水、供热设备,水文、泥沙监测设备,水情自动测报系统设备,外部观测设备,消防设备,交通设备等设备及安装工程。

三、金属结构设备及安装工程

金属结构设备及安装工程是指构成枢纽工程和其他水利工程固定资产的全部金

属结构设备及安装工程,包括闸门、启闭机、拦污栅、升船机等设备及安装工程,压力钢管制作及安装工程和其他金属结构设备及安装工程。

金属结构设备及安装工程项目要与建筑工程项目相对应。

四、施工临时工程

施工临时工程是指为辅助主体工程施工所必须修建的生产和生活用临时性工程。该部分组成内容如下。

(1)导流工程。包括导流明渠、导流洞、施工围堰、蓄水期下游断流补偿设施、金属结构设备及安装工程等。

(2)施工交通工程。包括施工现场内外为工程建设服务的临时交通工程,如公路、铁路、桥梁、施工支洞、码头、转运站等。

(3)施工场外供电工程。包括从现有电网向施工现场供电的高压输电线路(枢纽工程:35 kV及以上等级、引水工程及河道工程、10 kV及以上等级)和施工变(配)电设施(场内除外)工程。

(4)施工房屋建筑工程。指工程在建设过程中建造的临时房屋,包括施工仓库、办公及生活、文化福利建筑和所需的配套设施工程。

(5)其他施工临时工程。指除施工导流、施工交通、施工场外供电、施工房屋建筑、缆机平台以外的施工临时工程。主要包括施工供水(大型泵房及干管)、砂石料系统、混凝土拌和浇筑系统、大型机械安装拆卸、防汛、防冰、施工排水、施工通信、施工临时支护设施(含隧洞临时钢支撑)等工程。

第三节　水利工程基本建设程序

工程建设一般要经过规划、设计、施工等阶段以及试运转和验收等过程,才能正式投入生产。工程建成投产以后,还需要进行观测、维修和改进。整个工程建设过程是由一系列紧密联系的过程组成的,这些过程既有顺序联系,又有平行搭接关系,在每个过程以及过程与过程之间又由一系列紧密相连的工作环节构成一个有机整体,由此构成了反映基本建设内在规律的基本建设程序,简称基建程序。基本建设程序是基本建设中的客观规律,违背它必然会受到惩罚。

基建程序中的工作环节,多具有环环相扣、紧密相连的性质。其中任意一个中间环节的开展,至少要以一个先行环节为条件,即只有当它的先行环节已经结束或已进展到相当程度时,才有可能转入这个环节。基建程序中的各个环节,往往涉及好几个工作单位,需要各个单位的协调和配合,稍有脱节,就会带来牵动全局的影响。基建程序是在工程建设实践中逐步形成的,它与基本建设管理体制密切相关。

《水利工程建设项目管理规定(试行)》规定:"水利是国民经济的基础设施和基础产业。水利工程建设要求严格按建设程序进行。水利工程建设程序一般分为:项目建设书、可行性研究报告、初步设计、施工准备(包括招标设计)、建设实施、生产准备、竣工验收、后评价等阶段。"

根据《水利基本建设投资计划管理暂行办法》,水利基本建设项目的实施,必须首先通过基本建设程序立项。水利基本建设项目的立项报告要根据国家的方针政策。已批准的江河流域综合治理规划、专业规划和水利发展中长期规划,由水行政主管部门提出,通过基本建设程序申请立项。

一、水利工程建设项目的分类

根据《水利基本建设投资计划管理暂行办法》的规定,水利基本建设项目的类型按以下标准进行划分。

水利基本建设项目按其功能和作用分为公益性、准公益性和经营性。

(1)公益性项目是指具有防洪、排涝、抗旱和水资源管理等社会公益性管理和服务功能,自身无法得到相应经济回报的水利项目,如堤防工程、河道整治工程、蓄滞洪区安全建设工程、除涝、水土保持、生态建设、水资源保护、落后地区人畜饮水、防汛通信、水文设施等。

(2)准公益性项目是指既有社会效益又有经济效益的水利项目,其中大部分以社会效益为主,如综合利用的水利枢纽(水库)工程、大型灌区节水改造工程等。

(3)经营性项目是指以经济效益为主的水利项目,如城市供水、水力发电、水库养殖、水上旅游及水利综合经营等。

水利基本建设项目按其对社会和国民经济发展的影响分为国家水利基本建设项目和地方水利基本建设项目。

(1)国家项目是指对国民经济全局、社会稳定和生态环境有重大影响的防洪、水资源配置、水土保持、生态建设、水资源保护等项目,或国家认为负有直接建设责任的项目。

(2)地方项目是指局部受益的防洪除涝、城市防洪、灌溉排水、河道整治、供水、水土保持、水资源保护、中小型水电站建设等项目。

水利基本建设项目根据其建设规模和投资额分为大中型和小型项目。

大中型水利基本建设项目是指满足下列条件之一的项目。

(1)堤防工程:一级、二级堤防。

(2)水库工程:总库容1000万 m^3 以上(含1000万 m^3,下同)。

(3)水电工程:电站总装机容量5万 kW 以上。

（4）灌溉工程：灌溉面积30万亩①以上。

（5）供水工程：日供水10万t以上。

（6）总投资在国家规定的限额以上的项目。

二、管理体制及职责

我国目前的基本建设管理体制大体如下：对于大中型工程项目，国家通过计划部门及各部委主管基本建设的司（局），控制基本建设项目的投资方向；国家通过建设银行管理基本建设投资的拨款和贷款；各部委通过工程项目的建设单位，统筹管理工程的勘测、设计、科研、施工、设备材料订货、验收以及筹备生产运行管理等各项工作；参与基本建设活动的勘测、设计、施工、科研和设备材料生产等单位，按合同协议与建设单位建立联系或相互之间建立联系。

《中华人民共和国水法》（2016年修订版）规定："国家对水资源实行流域管理与行政区域管理相结合的管理体制。国务院水行政主管部门负责全国水资源的统一管理和监督工作。国家水行政主管部门在国家确定的重要江河、湖泊设立的流域管理机构，在所管辖的范围内行使法律、行政法规规定的和国务院水行政主管部门授予的水资源管理和监督职责。县级以上地方人民政府水行政主管部门按照规定的权限，负责本行政区域内水资源的统一管理和监督工作。国家有关部门按照职责分工，负责水资源开发、利用、节约和保护的有关工作。县级以上地方人民政府有关部门按照职责分工，负责本行政区域内水资源开发、利用、节约和保护的有关工作。"

《水利工程建设项目管理规定（试行）》做了进一步的明确。水利工程建设项目管理实行统一管理、分级管理和目标管理。逐步建立水利部、流域机构和地方水行政主管部门以及建设项目法人分级、分层次管理的管理体系。水利工程建设项目管理要严格按建设程序进行，实行全过程的管理、监督、服务。水利工程建设要推行项目法人责任制、招标投标制和建设监理制。积极推行项目管理。水利部是国务院水行政主管部门，对全国水利工程建设实行宏观管理。水利部建管司是水利部主管水利建设的综合管理部门，在水利工程建设项目管理方法，其主要管理职责是：

（1）贯彻执行国家的方针政策，研究制定水利工程建设的政策法规，并组织实施。

（2）对全国水利工程建设项目进行行业管理。

（3）组织和协调部属重点水利工程的建设。

（4）积极推行水利建设管理体制的改革，培育和完善水利建设市场。

（5）指导或参与省属重点大中型工程、中央参与投资的地方大中型工程建设的项目管理。

流域机构是水利部的派出机构，对其所在流域行使水行政主管部门的职责。负

---

① 1亩＝666.67平方米。

责本流域水利工程建设的行业管理。

省(自治区、直辖市)水利(水电)厅(局)是本地区的水行政主管部门,负责本地区水利工程建设的行业管理。

水利工程项目法人对建设项目的立项、筹资、建设、生产经营、还本付息以及资产保值增值的全过程负责,并承担投资风险。代表项目法人对建设项目进行管理的建设单位是项目建设的直接组织者和实施者。负责按项目的建设规模、投资总额、建设工期、工程质量实行项目建设的全过程管理,对国家或投资各方负责。

三、各阶段的工作要求

根据《水利工程建设项目管理规定(试行)》和《水利基本建设投资计划管理暂行办法》的规定,水利工程建设程序中各阶段的工作要求如下。

(一)项目建议书阶段

(1)项目建议书应根据国民经济和社会发展规划、流域综合规划、区域综合规划、专业规划,按照国家产业政策和国家有关投资建设方针进行编制,是对拟进行建设项目提出的初步说明。

(2)项目建议书应按照《水利工程项目建议书编制暂行规定》编制。

(3)项目建议书的编制一般委托有相应资格的工程咨询或设计单位承担。

(二)可行性研究报告阶段

(1)根据批准的项目建议书,可行性研究报告应对项目进行方案比较,对技术上是否可行和经济上是否合理进行充分的科学分析和论证。经过批准的可行性研究报告,是项目决策和进行初步设计的依据。

(2)可行性研究报告应按照《水利工程可行性研究报告编制规程》编制。

(3)可行性研究报告的编制一般委托有相应资格的工程咨询或设计单位承担。可行性研究报告经批准后,不得随意修改或变更,在主要内容上有重要变动时,应经过原批准机关复审同意。

(三)初步设计阶段

(1)初步设计是根据批准的可行性研究报告和必要而准确的勘察设计资料,对设计对象进行通盘研究,进一步阐明拟建工程在技术上的可行性和经济上的合理性,确定项目的各项基本技术参数,编制项目的总概算。其中,概算静态总投资原则上不得突破已批准的可行性研究报告估算的静态总投资。由于工程项目基本条件发生变化,引起工程规模、工程标准、设计方案、工程量的改变,其概算静态总投资超过可行性研究报告相应估算的静态总投资在15%以下时,要对工程变化内容和增加投资提出专题分析报告;15%以上(含15%)时,必须重新编制可行性研究报告并按原程序报批。

(2)初步设计报告应按照《水利工程初步设计报告编制规程》编制。

初步设计报告经批准后,主要内容不得随意修改或变更,并作为项目建设实施的技术文件基础。在工程项目建设标准和概算投资范围内,依据批准的初步设计原则,一般非重大设计变更、生产性子项目之间的调整由主管部门批准。在主要内容上有重要变动或修改(包括工程项目设计变更、子项目调整、建设标准调整、概算调整)等,应按程序上报原批准机关复审同意。

(3)初步设计任务应选择有项目相应资格的设计单位承担。

(四)施工准备阶段

施工准备阶段是指建设项目的主体工程开工前,必须完成的各项准备工作。其中招标设计是指为施工以及设备材料招标而进行的设计工作。

(五)建设实施阶段

建设实施阶段是指主体工程的建设实施,项目法人按照批准的建设文件,组织工程建设,保证项目建设目标的实现。

(六)生产准备(运行准备)阶段

生产准备(运行准备)指在工程建设项目投入运行前所进行的准备工作,完成生产准备(运行准备)是工程由建设转入生产(运行)的必要条件。项目法人应按照建管结合和项目法人责任制的要求,适时做好有关生产准备(运行准备)工作。生产准备(运行准备)应根据不同类型的工程要求确定,一般包括以下几方面的主要工作内容。

(1)生产(运行)组织准备。建立生产(运行)经营的管理机构及相应管理制度。

(2)招收和培训人员。按照生产(运行)的要求,配套生产(运行)管理人员,并通过多种形式的培训,提高人员的素质,使其能满足生产(运行)要求。生产(运行)管理人员要尽早介入工程的施工建设,参加设备的安装调试工作,熟悉有关情况,掌握生产(运行)技术,为顺利衔接基本建设和生产(运行)阶段做好准备。

(3)生产(运行)技术准备。主要包括技术资料的汇总、生产(运行)技术方案的制定、岗位操作规程制定和新技术准备。

(4)生产(运行)物资准备。主要是落实生产(运行)所需的材料、工器具、备品备件和其他协作配合条件的准备。

(5)正常的生活福利设施准备。

(七)竣工验收

竣工验收是工程完成建设目标的标志,是全面考核建设成果、检验设计和工程质量的重要步骤。竣工验收合格的工程建设项目即可从基本建设转入生产(运行)。

竣工验收按照《水利建设工程验收规程》进行。

(八)评价

(1)工程建设项目竣工验收后,一般经过1~2年生产(运行)后,要进行一次系统的项目后评价,主要内容包括:影响评价——对项目投入生产(运行)后对各方面的影响进行评价;经济效益评价——对项目投资、国民经济效益、财务效益、技术进步和规模效益、可行性研究深度等进行评价;过程评价——对项目的立项、勘察设计、施工、建设管理、生产(运行)等全过程进行评价。

(2)项目后评价一般按三个层次组织实施,即项目法人的自我评价、项目行业的评价和计划部门(或主要投资方)的评价。

(3)项目后评价工作必须遵循客观、公正、科学的原则,做到分析合理、评价公正。

第四节　我国建设管理体制的基本格局

实施建设监理制的重要目的之一是改革我国传统的工程项目建设管理体制,建立新型的工程项目建设管理体制。现行的工程项目建设管理体制是在政府有关部门的监督管理之下,由项目业主、承建商、监理单位直接参加的"三方"管理体制。

这种管理体制的建立,使我国工程项目建设管理体制与国际惯例实现了接轨,相比我国传统的管理体制具有许多优点。

第一,现行的工程项目建设管理体制形成了完整的项目组织系统。

现行的工程项目建设管理体制,使直接参加项目建设的业主、承建商、监理单位通过承发包关系、委托服务关系和监理与被监理关系有机地联系起来,形成了既有利于相互协调又有利于相互约束的完整的工程项目组织系统。这个项目组织系统在政府有关部门的监督管理之下规范地、一体化地运行,必然会产生巨大的组织效应,对顺利完成工程项目建设将起巨大作用。

第二,现行的工程项目建设管理体制既有利于加强工程项目建设的宏观监督管理,又有利于加强工程项目的微观监督管理。

现行的工程项目建设管理体制将政府有关部门摆在宏观监督管理的位置,对项目业主、承建商和监理单位实施纵向的、强制性的宏观监督管理,改变过去既抓工程建设的宏观监督,又抓工程建设的微观管理的不切合实际的做法,使他们能集中精力做好立法和执法工作。加强了宏观监督管理。同时现行的管理体制在直接参加项目建设的监理单位与承建商之间又存在着横向、委托性的微观监督管理,使工程项目建设的全过程在监理单位的参与下得以科学有效地监督管理,加强了工程项目建设的微观监督管理。

这种政府与民间相结合、强制与委托相结合、宏观与微观相结合的工程项目监督管理模式,对提高我国工程项目管理水平起到重要的作用。

第五节　水利工程建设项目"三制"

一、项目法人责任制

项目法人责任制是为了建立建设项目的投资约束机制,规范项目法人的有关建设行为,明确项目法人的责、权、利,提高投资效益,保证工程建设质量和建设工期。对于生产经营性水利工程建设项目,法人责任制下,项目法人对项目的策划、资金筹措、建设实施、生产经营、债务偿还和资产的保值增值实行全过程负责。实行项目法人责任制是我国建设管理体制的改革方向。从目前来看,有关建设项目法人责任制的实施工作需要进一步积极探索。

(一)法人

法人是具有权利能力和行为能力,依法独立享有民事权利和承担民事义务的组织。法人是由法律创设的民事主体,是与自然人相对应的概念。

《中华人民共和国民法典》规定,法人应当依法成立。法人应当有自己的名称、组织机构、住所、财产或者经费。法人以其全部财产独立承担民事责任。

我国的法人包括企业法人、机关、事业单位和社会团体法人。

1.企业法人

企业法人是指从事生产、流通、科技等活动,以获取盈利和增加积累、创造社会财富为目的的营利性社会经济组织,是国民经济的基本单位。企业法人必须经过核准登记才能取得法人资格。

2.机关法人

机关法人是依法行使国家行政权力,并因行使职权的需要而享有相应的权利能力和行为能力的国家机关。国家机关只有在参加民事活动时才是法人,是民事主体。在进行其他活动时不是法人,而是行政主体。有独立经费的机关从成立之日起,具有法人资格。

3.事业单位法人

事业单位法人是从事非营利性的各项社会公益事业的各类法人,包括从事文化、教育、卫生、体育、新闻出版等公益事业的单位。这些法人不以营利为目的,一般不参加生产和经营活动。虽然有时也取得一定收益,但属于辅助性质。事业法人的成立,一般不用进行法人登记,从成立之日起,具有法人资格;有时需要办理法登记的,经核准登记,取得法人资格。

4.社会团体法人

社会团体法人是由自然人或法人自愿组成,从事社会公益事业、学术研究、文学艺术活动、宗教活动等的法人,如中国法学会、中国水利学会等。社会团体法人一般要通过核准登记成立,发起人在取得国家有关机关的批准后进行筹建,向民政机关登记后取得法人资格。

（二）项目法人

从国家政府部门文件来看,水利部按照社会主义市场经济的要求,从基本建设管理体制的大局出发,率先提出在水利工程建设项目中实行项目法人责任制,并以《水利工程建设项目实行项目法人责任制的若干意见》。该文件对项目法人规定如下。

（1）投资各方在酝酿建设项目的同时,即可组建并确立项目法人,做到先有法人,后有项目。

（2）国有单一投资主体投资建设的项目,应设立国有独资公司;两个及两个以上投资主体合资建设的项目,要组建规范的有限责任公司或股份有限公司。具体办法按《中华人民共和国公司法》、国家体改委颁发的《有限责任公司规范意见》《股份有限公司规范意见》和国家发展改革委颁发的《关于建设项目实行业主责任制的暂行规定》等有关规定执行,以明晰产权,分清责任,行使权力。

（3）独资公司、有限责任公司、股份有限公司或其他项目建设组织即为项目法人。

（三）项目法人组织形式

国有独资公司设立董事会。董事会由投资方负责组建。国有控股或参股的有限责任公司、股份有限公司设立股东会、董事会和监事会。董事会、监事会由各投资方按照《中华人民共和国公司法》的有关规定进行组建。

（四）项目法人责任制及项目法人职责

项目法人责任制的前身是项目业主责任制。项目业主责任制是西方国家普遍实行的一种项目组织管理方式。在我国建立项目法人责任制,就是按照市场经济的原则,转换项目建设与经营机制,改善项目管理,提高投资效益,从而在投资建设领域建立有效的微观运行机制的一项重要改革措施。项目法人责任制的核心内容是明确了由项目法人承担投资风险,明确了项目法人不但负责建设而且负责建成以后的生产经营和归还贷款本息。项目法人要对项目的建设与投产后的生产经营实行一条龙管理,全面负责。我国实行项目法人责任制,由项目法人对项目的策划、资金筹措、建设实施、生产经营、债务偿还和资产的保值增值,实行全过程负责。

实行项目法人责任制,是建立社会主义市场经济的需要,是转换建设项目投资经营机制、提高投资效益的一项重要改革措施,体现了项目法人和建设项目之间的责、权、利,是新形势下进行项目管理的一种行之有效的手段。

建立项目法人责任制意义重大。在建立社会主义市场经济体制的过程中,要更加重视和发挥市场在优化资源配置上的作用。投资建设领域要实现这一改革目标,除了要积极培育和建立建设资金市场、建设物资市场和建筑市场等,更重要的一点是要实行政企分开,把投资的所有权与经营权分离,由项目法人从建设项目的筹划、筹资、设计、建设实施直到生产经营、归还贷款本息以及国有资产的保值增值实行全过程负责,承担投资风险,从而真正建立起一种各类投资主体自求发展、自觉协调、自我约束、讲求效益的微观运行机制。因此,推行项目法人责任制,不仅是一种新的项目组织管理形式,而且是社会主义市场经济体制在投资建设领域实际运行的重要基础。

实行项目法人责任制,一是明确了由项目法人承担投资风险,因而强化了项目法人及投资方和经营方的自我约束机制,对控制工程概算、工程质量和建设进度可起到积极的作用。二是项目法人不但负责建设,而且负责建成以后的经营和还款,对项目的建设与投产后的生产经营实行一条龙管理,全面负责。这样可把建设的责任和生产经营的责任密切结合起来,从而较好地克服了基建管花钱、生产管还款,建设与生产经营相互脱节的弊端。三是可以促进招标工作、建设监理工作等其他基本建设管理制度的健康发展,提高投资效益。随着以"产权清晰、权责明确、政企分开、管理科学"为特征的现代企业制度在工程建设领域的应用,项目业主责任制同现代企业制度相结合,发展成为项目法人责任制。水利部文件规定:"根据水利行业特点和建设项目不同的社会效益、经济效益和市场需求等情况,将建设项目划分为生产经营性、有偿服务性和社会公益性三类项目。"

1.项目法人的管理职责

项目法人的主要管理职责是对项目的立项、筹资、建设和生产经营、还本付息以及资产保值的全过程负责,并承担投资风险,具体包括八点:负责筹集建设资金,落实所需外部配套条件,做好各项前期工作;按照国家有关规定,审查或审定工程设计、概算、集资计划和用款计划;负责组织工程设计、监理、设备采购和施工招标的工作,审定招标方案,要对投标单位的资质进行全面审查,综合评选,择优选择中标单位;审定项目年度投资和建设计划,审定项目财务预算、决算,按合同规定审定归还贷款和其他债务的数额,审定利润分配方案;按国家有关规定,审定项目(法人)机构编制、劳动用工及职工工资福利方案等,自主决定人事聘任;建立建设情况报告制度,定期向水利建设主管部门报送项目建设情况;项目投产前,要组织运行管理班子,培训管理人员,做好各项生产准备工作;项目按批准的设计文件内容建成后,要及时组织验收和办理竣工决算。

2.董事会的职权

董事会的职权主要包括:负责筹措建设资金;审核、上报项目初步设计和概算文件;审核、上报年度投资计划并落实年度资金;提出项目开工报告;研究解决建设过程中出现的重大问题;负责提出项目竣工验收申请报告;审定偿还债务计划和生产经营方针,并负责按时偿还债务;聘任或解聘项目总经理,并根据总经理的提名,聘任或解聘其他高级管理人员。建设项目的董事会依照《中华人民共和国公司法》的规定行使职权。

3.项目总经理的职权

根据建设项目的特点聘任项目总经理,项目总经理具体行使以下职权:组织编制项目初步设计文件,对项目工艺流程、设备选型、建设标准、总图布置提出意见,提交董事会审查;组织工程设计、施工监理、施工队伍和设备材料采购的招标工作,编制和确定招标方案、标底和评标标准,评选和确定中标单位,实行国际招标的项目,按现行规定办理;编制并组织实施项目年度投资计划、用款计划、建设进度计划;编制项目财务预、决算;编制并组织实施归还贷款和其他债务计划;组织工程建设实施,负责控制工程投资、工期和质量;在项目建设过程中,在批准的概算范围内对单项工程的设计进行局部调整(凡引起生产性质、能力、产品品种和标准变化的设计调整以及概算调整,需经董事会决定并报原审批单位批准);根据董事会授权处理项目实施中的重大紧急事件,并及时向董事会报告;负责生产准备工作和培训有关人员;负责组织项目试生产和单项工程预验收。

目前,水利部已将适时加快实行项目法人责任制进程、巩固和发展建设监理制度、完善和发展招标投标制度,作为下一步水利建设管理体制改革的重点内容之一,即进一步深化"三项制度"的改革。

实行项目法人责任制后,项目法人与项目建设各方的关系是一种新型的适应社会主义市场经济机制运行的关系。在项目管理上要形成以项目法人为主体,项目法人向国家和投资各方负责,咨询、设计、监理、施工、物资供应等单位通过招标投标和履行经济合同为项目法人提供建设服务的建设管理新模式。政府部门要依法对项目进行监督、协调和管理,并为项目建设和生产经营创造良好的外部环境;帮助项目法人协调解决征地拆迁、移民安置和社会治安问题。

建设单位不等同于项目法人,建设单位只是代表项目法人对工程建设进行管理的机构。

二、招标投标制

招标投标制是指通过招标投标的方式,选择水利工程建设的勘察设计、施工、监理、材料设备供应等单位。

在旧的计划经济体制下,我国建设项目管理体制是按投资计划采用行政手段分配建设任务,形成工程建设各方一起"吃大锅饭"的局面。建设单位不能自主选择设计、施工和材料设备供应单位,设计、施工和设备材料供应单位靠行政手段获取建设任务,从而严重影响我国建筑业的发展和建设投资的经济效益。

招标投标制是市场经济体制下建筑市场买卖双方的一种主要竞争性交易方式,是由建筑生产特有的规律决定的。我国推行工程建设招投标制,是为了适应社会主义市场经济的需要,促使建筑市场各主体之间进行公平交易、平等竞争,以提高我国水利项目建设的管理水平,促进我国水利建设事业的发展。

三、建设监理制

建设监理制是指水利工程建设项目必须实施建设监理。水利工程建设监理是指建设监理单位受项目法人的委托,依据国家有关工程建设的法律、法规和批准的项目建设文件、工程建设合同以及工程建设监理合同,对工程建设实行的管理。水利工程建设监理的主要内容是进行工程建设合同管理,按照合同控制工程建设的投资、工期和质量,并协调有关各方的工作关系。

(一)概述

工程项目管理和监理制度在西方国家已有较长的发展历史,并日趋成熟与完善。随着国际工程承包业的发展,国际咨询工程师联合会(FIDIC)制定的《土木工程施工合同条件》已被国际承包市场普遍认可和广泛采用。该合同条件在总结国际土木工程建设经验的基础上,科学地将工程技术、管理、经济、法律结合起来,突出施工监理工程师负责制,详细规定了项目法人、监理工程师和承包商三方的权利、义务和责任,对建设监理的规范化和国际化起了重要的作用。无疑,充分研究国际通行的做法,并结合我国的实际情况加以利用,建立我国的建设监理制度,是当前发展我国建设事业的需要,也是我国建筑行业与国际市场接轨的需要。

(二)建设监理管理组织机构及职责

1.水利部

水利部主管全国水利工程建设监理工作,其办事机构为建管司。其主要职责:根据国家法律、法规、政策制定水利工程建设监理法规,并监督实施;审批全国水利工程建设监理单位资格;负责全国水利工程建设监理工程师资格考试、审批和注册管理工作;指导、监督、协调全国水利工程建设监理工作;指导、监督部直属大中型水利工程实施建设监理,并协调建设各方关系;负责全国水利工程建设监理培训管理工作。水利部设全国水利工程建设监理资格评审委员会,负责全国水利工程建设监理单位资格和监理工程师资格审批工作。

2.各省、自治区、直辖市

各省、自治区、直辖市水利(水电)厅(局)主管本行政区域内水利工程建设监理工作,其办事机构一般为建设处。其主要职责:贯彻执行水利部有关建设监理的法规,制定地方水利工程建设监理管理办法并监督实施;负责本行政区域内水利工程建设监理单位资格初审;负责组织本行政区域内水利工程建设监理工程师资格考试、资格初审和注册工作;对在本行政区域内地方水利工程中从事建设监理业务的监理单位和监理工程师进行管理;指导、监督地方水利工程实施建设监理,并协调建设各方关系;负责组织本行政区域内水利工程建设监理培训管理工作。

第六节 水利工程建设程序

对拟兴建的水利工程项目,要严格遵守基本建设程序,做好前期工作,并纳入国家各级基本建设计划后才能开工。水利工程建设程序一般分为两大阶段:工程开工前为前期工作阶段,包括河流规划、可行性研究、初步设计、施工图设计等;工程开工后到竣工验收为施工阶段,包括工程招标、工程施工、设备安装、竣工验收等。

前期工作中根据工程规模大小不同、建筑物构成不同、作用不同和管理部门不同,建设程序的繁简也不同,设计阶段的划分亦有所区别,各个阶段的审批程序也不同。水利工程设计须遵循分阶段循序渐进逐步深入的原则进行。设计阶段一般分为初步设计和施工图设计两个阶段。对重要的大型水利工程,增加技术设计,为三个阶段。对技术复杂的工程,还要编制技术专题报告。对技术经济条件简单,方案明确的中型水利工程,可行性研究和初步设计合并为一个阶段。对小型水利工程,则可进一步简化。至于配套工程,如灌溉渠首、渠系重要的大型交叉建筑物应与主体工程一样,其他建筑物可予简化。

对前期工作项目实行分级管理。大中型水利工程项目按隶属关系一般由主管业务部门或省、自治区、直辖市审批,其中对国民经济有重大影响的和协作关系比较复杂的项目,主管业务部门审查后,报国务院或国家发展和改革委员会批准。中小型水利工程可由设计单位的上级审批。初步设计和概算经审查批准,可列入各级政府的年度基建计划,或作为计划的预备项目。

各个阶段的主要工作内容如下。

一、项目建议书阶段

项目建议书阶段也称初步可行性研究阶段。项目建议书是指项目法人向国家提出的要求建设某一工程项目的建议性文件,是对拟建项目轮廓的设想。其主要作用是对拟建项目进行初步说明,论述其建设的必要性、条件的可行性和获利的可能性,供基本建设管理部门选择并确定是否进行下一步工作。项目建议书经批准后,紧接着进行可行性研究。可行性研究是对建设项目在技术和经济上是否可以进行的科学分析和论证,是技术经济的深入论证阶段,为项目决策提供依据。

二、可行性研究

据国民经济和社会发展的长远规划,在江河流域规划研究的基础上,选定建设项目,广泛收集有关资料,踏勘建设地点,基本弄清工程项目的技术经济条件,提出项目建议书。按照项目建议书的要求,对拟建工程勘测调查,收集水文气象、地理、地质等自然资料和社会经济资料,进行全面而综合的技术经济分析研究,确定工程的任务和规模,拟定多种可行方案,经过论证比较和必要的科学试验研究选择最佳方案,编制完整的可行性研究报告,作为编制工程项目设计任务书的依据。

三、初步设计

对可行性研究推荐的方案进一步分析利弊,落实建设条件和协作配合条件,审核技术经济指标,比较确定建设地点,审查建设资金来源及偿还能力,编制设计任务书,为项目最终决策和初步设计提供依据。根据批准的设计任务书和设计基础资料,经通盘研究,确定工程项目的综合利用、总体布置及主要技术经济原则,提出实施方案,编制初步设计和概算,经过审批,据以进行施工准备。

四、施工图设计

对初步设计拟定的各项建筑物,进一步补充计算分析和试验研究,深入细致地落实工程建设的技术措施,提出建筑物尺寸、布置、施工和设备制造、安装的详图、文字说明,并编制施工图预算,作为预算包干、工程结算的依据。

重要的大型水利工程,技术复杂,一般增加一个技术设计阶段,其内容就工程的特点而定,深度应能满足确定设计方案中较重要而复杂的技术问题和有关科学试验、设备制造方面的要求,同时编制修正概算。

五、工程招标

初步设计批准后,主管部门筹组建设单位,进行工程招标。由设计单位编制招标文件,其内容应按照有关法规、工作条例的规定,对工程项目的规模、技术、质量的要求和实施细则做出详尽的规定。建设系统(发包单位)向施工单位发出投标邀请书,施工单位编制投标文件。通过开标、评标、议标、询标等一系列过程,确定中标单位(即承包单位)。发包单位与承包单位签订承包合同和贷款合同协议书,其内容包括投标邀请书、投标书、工程量报价表、技术规范、图纸及资金筹集、运用、贷款支付、账户建立等。合同协议书应报送上级及有关单位核查备案。

六、工程施工及设备安装

合同签订后,承包单位着手施工准备,主要是施工队伍进点、施工征地、临建工程等,并组织设备订货,编制施工计划,据以进行工程施工、设备安装、库区居民迁移安置等。根据施工需要设计单位应派出设计代表在现场配合施工,说明设计意图,必要时修改局部设计,并会同施工单位进行质量检查。

七、工程竣工验收

水利工程单项或全部建成后,应及时组织竣工验收。按规定由主管业务部门会同有关单位、建设银行等组成验收委员会(或小组),对工程进行竣工验收。重要的大型水利工程建设时间较长,可按工程施工情况,分期分阶段进行验收,最后由国家发展和改革委员会全面验收。竣工验收前先由设计、施工单位自验,编写验收申请报告,附以必要的图纸文件及工程竣工决算。竣工验收合格,移交给管理部门运用。

第七节 水利工程建设模式

一、平行发包管理模式

平行发包模式是水利工程建设在早期普遍实施的一种建设管理模式,是指业主将建设工程的设计、监理、施工等任务经过分解分别发包给若干个设计、监理、施工等单位,并分别与各方签订合同。

(一)优点

(1)有利于节省投资。一是节省管理成本;二是根据工程实际情况,合理设定各标段拦标价。

(2)有利于统筹安排建设内容。根据项目每年的到位资金情况择优计划开工建设内容,避免因资金未按期到位影响整体工程进度,甚至造成工程停工、索赔等问题。

(3)有利于质量、安全的控制。传统的单价承包施工方式,承建单位以实际完成的工程量来获取利润,完成的工程量越多获取的利润就越大,承建单位为寻求利润一般不会主动优化设计减少建设内容;而严格按照施工图进行施工,质量、安全得以保证。

(4)锻炼干部队伍。建设单位全面负责建设管理各方面工作,在建设管理过程中,通过不断学习总结经验,能有效地提高水利技术人员的工程建设管理水平。

(二)缺点

(1)协调难度大。建设单位协调设计、监理单位以及多个施工单位、供货单位,协调跨度大,合同关系复杂,各参建单位利益导向不同、协调难度大、协调时间长,影响工程整体建设的进度。

(2)不利于投资控制。现场设计变更多,且具有不可预见性,工程超概算严重,投资控制困难。

（3）管理人员工作量大。管理人员需对工程现场的进度、质量、安全、投资等进行管理与控制，工作量大，需要具有管理经验的管理队伍，且综合素质要求高。

（4）建设单位责任风险高。项目法人责任制是"四制"管理中的主要组成部分，建设单位直接承担工程招投标、进度、安全、质量、投资的把控和决策，责任风险高。

二、EPC项目管理模式

EPC（engineering-procurement-construction），即设计—采购—施工总承包模式，是指工程总承包企业按照合同约定，承担项目的设计、采购、施工、试运行服务等工作，并对承包工程的质量、安全、工期、造价全面负责。此种模式一般以总价合同为基础，在国外，EPC一般采用固定总价（非重大设计变更，不调整总价）。

（一）优点

（1）合同关系简单，组织协调工作量小。由单个承包商对项目的设计、采购、施工全面负责，简化了合同组织关系，有利于业主管理，在一定程度上减少了项目业主的管理与协调工作。

（2）设计与施工有机结合，有利于施工组织计划的执行。由于设计和施工（联合体）统筹安排，设计与施工有机地融合，能够较好地将工艺设计与设备采购及安装紧密结合起来，有利于项目综合效益的提升，在工程建设中发现问题能得到及时有效的解决，避免设计与施工不协调而影响工程进度。

（3）节约招标时间、减少招标费用。只需要1次招标，选择监理单位和EPC总承包商，不需要对设计和施工分别招标，节约招标时间，减少招标费用。

（二）缺点

（1）由于设计变更因素，合同总价难以控制。由于初设阶段深度不够，实施中难免出现设计漏项引起设计变更等问题。当总承包单位盈利较低或盈利亏损时，总承包单位会采取重大设计变更的方式增加工程投资，而重大设计变更的批复时间长，从而影响工程进度。

（2）业主对工程实施过程参与程度低，不能有效全过程控制。无法对总承包商进行全面跟踪管理，不利于质量、安全控制。合同为总价合同，施工总承包方为了加快施工进度，获取最大利益，往往容易忽视工程质量与安全。

（3）业主要协调分包单位之间的矛盾。在实施过程中，分包单位与总承包单位存在利益分配纠纷，影响工程进度，项目业主在一定程度上需要协调分包单位与总承包单位的矛盾。

（三）应用效果

由于初设与施工图阶段不是一家设计单位，设计缺陷、重大设计变更难以控制，项目业主与EPC总承包单位在设计优化、设计变更方面存在较大分歧,且EPC总承包单位内部也存在设计与施工利益分配不均情况,工程建设期间施工进度、投资难控制,例如,某水库项目业主与EPC总承包单位由于重大设计变更未达成一致意见,工程停工2年以上,在变更达成一致意见后项目业主投资增加上亿元。

三、PM项目管理模式

PM项目管理服务是指工程项目管理单位按照合同约定,在工程项目决策阶段,为业主编制可行性研究报告,进行可行性分析和项目策划;在工程项目实施阶段,为业主提供招标代理、设计管理、采购管理、施工管理和试运行(竣工验收)等服务,代表业主对工程项目进行质量、安全、进度、投资、合同、信息等管理和控制。工程项目管理单位按照合同约定承担相应的管理责任。PM模式的工作范围比较灵活,既可以是全部项目管理的总和,也可以是某个专项的咨询服务。

(一)优点

(1)提高项目管理水平。管理单位为专业的管理队伍,有利于更好地实现项目目标,提高投资效益。

(2)减轻协调工作量。管理单位对工程建设现场的管理和协调,业主单位主要协调外部环境,可减轻业主对工程现场的管理和协调工作量,有利于弥补项目业主人才不足的问题。

(3)有利于保障工程质量与安全。施工标由业主招标,避免造成施工标单价过低,有利于保证工程质量与安全。

(4)委托管理内容灵活。委托给PM单位的工作内容和范围也比较灵活,可以具体委托某一项工作,也可以是全过程、全方位的工作,业主可根据自身情况和项目特点有更多的选择。

(二)缺点

(1)职能职责不明确。项目管理单位职能职责不明确,与监理单位职能存在交叉问题,比如合同管理、信息管理等。

(2)体制机制不完善。目前没有指导项目管理模式的规范性文件,不能对其进行规范化管理,有待进一步完善。

(3)管理单位积极性不高。由于管理单位的管理费为工程建设管理费的一部分,金额较小,管理单位投入的人力资源较大,利润较低。

(4)增加管理经费。增加了项目管理单位,相应地增加了一笔管理费用。

(三)应用效果

采用此种管理模式只是简单的代项目业主服务,因为没有利益约束不能完全实现对项目参建单位的有效管理,且各参建单位同管理单位不存在合同关系,建设期间容易存在不服从管理或落实目标不到位现象,工程推进缓慢,投资控制难。

四、PMC项目管理模式

项目管理总承包(project management contractor,PMC)指项目业主以公开招标方式选择PMC单位,将项目管理工作和项目建设实施工作以总价承包合同形式进行委托;再由PMC单位通过公开招标形式选择土建及设备等承包商,并与承包商签订合承包合同。

根据工程项目的不同规模、类型和业主要求,通常有三种PMC项目管理承包模式。

(一)业主采购,PMC方签订合同并管理

业主与PMC承包商签订项目管理合同,业主通过指定或招标方式选择设计单位、施工承包商、供货商,但不签订合同,由PMC承包商与之分别签订设计、施工和供货等合同。基于此类型PMC管理模式在实施过程中存在问题较多,已被淘汰,目前极少有工程采用此种管理模式。

(二)业主采购并签合同,PMC方管理

业主选择设计单位、施工承包商、供货商,并与之签订设计、施工和供货等合同,委托PMC承包商进行工程项目管理。此类型的PMC管理模式,主要有两种具体表现形式。

(1)PMC管理单位为具有监理资质的项目管理单位

业主不再另行委托工程监理,让管理总承包单位内部根据自身条件及工程特点分清各自职能职责,管理单位更加侧重利用自己专业的知识和丰富的管理经验对项目的整体进行有效的管理,使项目高效的运行。监理的侧重点在于提高工程质量与加快工程进度,而非对项目整体的管理能力,业主只负责监督、检查项目管理总承包单位是否履职履责。PMC项目管理单位可以是监理与项目管理单位组成的联合体。

此种模式的优点是解决了目前PMC型项目管理模式实施过程中存在职能职责交叉的问题,责任明确,避免了由于交叉和矛盾的工作指令关系,影响项目管理机制的运行和项目目标的实现,提高了管理工作效率。最大缺点是工程缺少第三方监督,如出现矛盾没有第三方公正处理,现基本不采用该模式。

(2)PMC管理单位为具有勘察设计资质的项目管理单位

PMC项目管理单位具有勘察设计资质,也可以是设计与项目管理单位组成的联合体。此种模式的优点是可依托项目管理单位的技术力量、管理能力和丰富经验等优势,对工程质量、安全、进度、投资等形成有效的管理与控制,减轻业主对工程建设的管理与协调压力;通过与设计单位协调,有效解决PMC实施过程中存在的设计优化分成问题,增加了设计单位设计优化的积极性,业主将设计优化分成给管理总承包单位,然后由管理总承包单位内部自行分成。最大缺点是缺少第三方监督,如出现矛盾没有第三方公正处理,很多地方不太采用该模式。

(三)风险型PMC

根据水利项目的建设特点,在国际通行的项目管理承包模式和国内运用实践的基础上,首先提出了风险型PMC的建设管理模式。该模式基于工程总承包建设模式,是对国际通行的PMC进行拓展和延伸。PMC单位按照合同约定对设计、施工、采购、试运行等进行全过程、全方位的项目管理和总价承包,一般不直接参与项目设计、施工、试运行等阶段的具体工作,对工程的质量、安全、进度、投资、合同、信息、档案等,全面控制、协调和管理,向业主负总责,并按规定选择有资质的专业承建单位来承担项目的具体建设工作。此类型PMC管理模式包括项目管理单位与设计单位不是同一家单位及项目管理单位与设计单位是同一家单位两种表现形式。

1.优点

(1)有效提高项目管理水平。PMC单位通过招标方式选择,是具有专业从事项目建设管理的专门机构,拥有大批工程技术和项目管理经验的专业人才,充分发挥PMC单位的管理、技术、人才优势,提升项目的专业化管理能力,同时促进参建单位施工和管理经验的积累,可极大提升整个项目的管理水平。

(2)建设目标得到有效落实。PMC合同签订,工程质量、进度、投资予以明确,不得随意改动。业主重点监督合同的执行和PMC单位的工作开展,PMC单位做好项目管理工作并代业主管理勘测设计单位,按合同约定选择施工、安装、设备材料供应单位。

在PMC单位的统一协调下,参建单位的建设目标一致,设计、施工、采购得到深度融合,实现技术、人力、资金和管理资源高效组合和优化配置,工程质量、安全、进度、投资得到综合控制且真正落实。

(3)降低项目业主风险。项目建设期业主风险主要来自设计方案的缺陷和变更、招标失误、合同缺陷、设备材料价格波动、施工索赔、资金短缺及政策变化等不确定因素。在严密的PMC合同框架下,从合同上对业主的风险进行了重新分配,绝大部分发生转移,同时项目建设责任主体发生转移,更能激励PMC单位重视工程质量、安全、进度、投资的控制,减少了整个项目的风险。

(4)减轻业主单位协调工作量。管理单位对工程建设现场的管理和协调,业主单位主要协调外部环境,可减轻业主对工程现场的管理和协调工作量,有利于弥补项目业主建设管理人才不足的问题。

(5)代业主管理设计。由于水利工程较多,设计单位往往供图不及时,设计与现场脱节等,对设计单位管理困难。PMC单位可对设计单位进行管理,如PMC与设计是同一家单位,对前期工作较了解,相当于从项目的前期到实施阶段的全过程管理,业主仅需对工程管理的关键问题进行决策。

(6)解决业主建设管理能力和人才不足。PMC单位代替业主行使项目管理职责,是项目业主的延伸机构,可解决业主的管理能力和人才不足问题。业主决定项目的构思、目标、资金筹措和提供良好的外部施工环境,PMC单位承担施工总体管理和目标控制,对设计、施工、采购、试运行进行全过程、全方位的项目管理,不直接参与项目设计、施工、试运行等阶段的具体工作。

(7)精简业主管理机构。项目建设业主往往要组建部门众多的管理机构,项目建成后如何安置管理机构人员也是较大的难题。采用PMC后,PMC单位会针对项目特点组建适合项目管理的机构协助业主开展工作,业主仅需组建人数较少的管理机构对项目的关键问题进行决策和监督,从而精简了业主的管理机构。

该种模式由于管理单位进行二次招标,可节约一部分费用在作为风险保证金的同时可适当弥补管理经费不足,提高管理单位的积极性。

2.缺点

整体来看,国家部委层面出台的PMC专门政策、意见及管理办法与EPC模式相比有较大差距。同时,与PMC模式相配套的标准合同范本需要进一步规范、完善。

第八节 水利工程设计的重要性

水利工程设计是水利部门在实际工作中为了达到预期的水利工程目标而制定的有关水利工程施工方案,包括施工方式项目经费等方面。水利工程的设计方案的质量影响着水利工程的正常施工和投入使用后的效益,水利工程设计是整个水利工程项目的指导和依据,在水利工程中起着关键作用,良好的水利工程设计也可以促进水利工程项目的管理工作,保证整个水利工程建设项目的顺利开展。水利工程设计的重要性具体表现如下。

一、水利工程设计决定着整个水利工程的质量

水利工程设计是对整个水利工程项目环节的具体规划,是整个水利工程中的重要环节,水利工程设计的各个环节都会影响到水利工程的质量。良好的水利工程方案的确定能对水利工程的实施起到很好的促进作用。对水利工程设计方案的确定关系着整个水利工程的施工质量和投入使用的效果,质量是整个水利项目工程的生命,从以往我国水利工程中一些事故的统计数据来看,很多水利工程事故的出现都是由设计环节中存在的问题引起的,所以在水利工程项目中要引起对水利工程设计环节的足够重视,确保水利工程项目的质量,做到安全施工,安全运行,安全使用。

二、水利工程设计影响着整个水利工程的成本

良好的水利工程成本控制才能做到资源的优化利用,才能证明水利工程项目设

计的科学合理性,水利工程项目的设计方案直接决定着整个水利工程项目的施工造价和成本,因此,在水利工程项目的设计过程中,要从各个方面的因素综合考虑水利工程的设计方案,促进对水利工程的成本控制。在实际水利设计操作过程中,需要对整个水利工程的规模、建造标准和建造目标等进行深入的研究和分析,设计科学合理的建造方案,在水利工程施工过程中加大执行力度,确保设计方案的有效实施,这样才能最好地做到对水利工程的成本控制。此外。在水利工程设计方案的选择阶段也可以注重选择那些注重成本控制的设计方案,通过设计环节的作用将水利工程的建造费用降到最低,真正做到节约资源控制成本。

三、水利工程设计影响着整个水利工程的进度

水利工程的施工进度也是水利工程项目中的重要环节,施工进度关系着施工单位对水利工程项目合同的履行程度,也关系着整个水利项目工期的全面进展。水利工程施工是一个比较长期、系统、庞大的工程,由于受到施工地的实际情况、项目资金和施工单位的执行力等问题的影响,整个水利工程的施工进度容易出现偏差。所以,水利工程的设计工作是十分重要的,科学合理的项目设计方案可以尽量减少实际施工过程中出现进度偏差的可能,确保整个水利工程项目的顺利开展。故而,做好水利工程的设计工作,能够有效保证水利工程的施工进度。

第三章　水利工程施工

水利工程建设作为一个国家发展的基石,承担着地区经济快速发展的重任。其整体质量和施工标准需要得到持续关注,其具体标准都会高于一般工程建筑项目,需要建筑施工团队格外重视。本章主要对水利工程施工进行详细讲解。

第一节　施工导流与排水

一、施工导流相关知识

河流上修建水利工程时,为了使水工建筑物能在干地上进行施工,需要用围堰围护基坑,并将河水引向预定的泄水通道往下游宣泄,这就是施工导流。施工导流的基本方法大体上可分为两类:一类是分段围堰法导流,水流通过被束窄的河床、坝体底孔、缺口或明槽等往下游宣泄;另一类是全段围堰法导流,水流通过河床外的临时或永久的隧洞、明渠或河床内的涵管等往下游宣泄。

(一)分段围堰法导流

分段围堰法也称分期围堰法,是用围堰将水工建筑物分段分期围护起来进行施工的方法。两段两期导流首先在右岸进行第一期工程的施工,河水由左岸的束窄河床宣泄。一般情况下,在修建第一期工程时,为使水电站、船闸早日投入运行,满足初期发电和施工通航的要求,应考虑优先建造水电站、船闸,并在建筑物内预留底孔或缺口。到第二期工程施工时,河水即经由这些底孔或缺口等下泄。对于临时底孔,在工程接近完工或需要蓄水时要加以封堵。

所谓分段,就是在空间上用围堰将建筑物分成若干施工段进行施工。所谓分期,就是在时间上将导流分为若干时期。导流的分期数和围堰的分段数并不一定相同。因为在同一导流分期中,建筑物可以在一段围堰内施工,也可以同时在两段围堰中施工。必须指出,段数分得越多,围堰工程量越大,施工也越复杂;同样,期数分得越多,工期有可能拖得越长。因此,在工程实践中,二段二期导流采用得最多。只有在比较宽阔的河道上施工,不允许断航或在其他特殊情况下,才采用多段多期导流方法。

采用分段围堰法导流时,纵向围堰位置的确定,也就是河床束窄程度的选择是关键性问题之一。在确定纵向围堰的位置或选择河床的束窄程度时,应重视下列问题:束窄河床的流速要考虑施工通航、筏运、围堰和河床防洪等方面的要求,不能超过允许流速,各段主体工程的工程量、施工强度要比较均衡;便于布置后期导流用的泄水建筑物,不致使后期围堰过高或截流落差过大,造成截流困难。

束窄河床段的允许流速,一般取决于围堰及河床的抗冲允许流速,但在某些情况下,也可以允许河床被适当刷深,或预先将河床挖深、扩宽,采取防冲措施。在通航河道上,束窄河段的流速、水面比降、水深及河宽等还应与当地航运部门协商研究来确定。

分段围堰法导流一般适用于河床宽、流量大、施工期较长的工程,尤其在通航河流和冰凌严重的河流上。这种导流方法的导流费用低,国内一些大、中型水利工程采用较广,在湖北葛洲坝、江西万安、辽宁桓仁、浙江富春江等枢纽施工中,都采用过这种导流方法。分段围堰法导流,前期都利用束窄的河道导流,后期要通过事先修建的泄水道导流,常见的导流方式有以下两种。

1. 底孔导流

底孔导流时,应事先在混凝土坝体内修好临时底孔或永久底孔,导流时让全部或部分导流流量通过底孔宣泄到下游,保证工程继续施工。若为临时底孔,则在工程接近完工或需要蓄水时加以封堵,这种导流方法在分段分期修建混凝土坝时用得较为普遍。

采用临时底孔时,底孔的尺寸、数目和布置,要通过相应的水力学计算决定。其中,底孔的尺寸在很大程度上取决于导流的任务(过水、过木、过船、过鱼),以及水工建筑物的结构特点和封堵用闸门设备的类型。底孔的布置应满足截流、围堰工程,以及本身封堵等的要求。如底坎高程布置较高,截流时落差就大,围堰也高,但封堵时的水头较低,封堵就容易些,一般底孔的底坎高程应布置在枯水位之下,以保证枯水期泄水。当底孔数目较多时,可以把底孔布置在不同高程,封堵时从最低高程的底孔堵起,这样可以减少封堵时所承受的水压力。临时底孔的断面多采用矩形,为了改善孔周的应力状况,也可采用有圆角的矩形。按水工结构要求,孔口尺寸应尽量小,但若导流流量较大或有其他要求时,也可采用尺寸较大的底孔。底孔导流的优点是挡水建筑物上部的施工可以不受水流干扰,有利于均衡、连续施工,这对修建高坝特别有利,若坝体内设有永久底孔可用来导流时,更为理想。底孔导流的缺点是:坝体内设置了临时底孔,钢材用量增加;如果封堵质量不好,会削弱坝的整体性,还可能漏水;在导流过程中,底孔有被漂浮物堵塞的危险;封堵时,由于水头较高,安放闸门及止水等均较困难。

2.坝体缺口导流

混凝土坝施工过程中,当汛期河水暴涨暴落,其他导流建筑物又不足以宣泄全部流量时,为了不影响施工进度,使大坝在涨水时仍能继续施工,可以在未建成的坝体上预留缺口,以便配合其他导流建筑物宣泄洪峰流量,待洪峰过后,上游水位回落,再继续修筑缺口。所留缺口的宽度和高度取决于导流设计流量、其他泄水建筑物的泄水能力、建筑物的结构特点和施工条件等。采用底坎高程不同的缺口时,为避免高低缺口单宽泄量相差过大而引起高缺口向低缺口的侧向泄流,造成斜向卷流,使压力分布不匀,需要适当控制高低缺口间的高差。根据柘溪工程的经验,其高差以不超过4 m为宜。

在修建混凝土坝,特别是大体积混凝土坝时,这种导流方法因比较简单而常被采用。

(二)全段围堰法导流

全段围堰法导流,就是在河床主体工程的上下游各建一道拦河围堰,使河水经河床以外的临时泄水道或永久泄水建筑物下泄,主体工程建成或接近建成时,再将临时泄水道封堵。

采用这种导流方式,当在大湖泊出口处修建闸坝时,有可能只筑上游围堰,将施工期间的全部来水拦蓄于湖泊中。另外,在坡降很陡的山区河道上,若泄水道出口的水位低于基坑处河床高程时,也无须修建下部围堰。

全段围堰法导流的泄水道类型有以下几种。

1.隧洞导流

隧洞导流是指在河岸中开挖隧洞,在基坑上下游修筑围堰,河水经由隧洞下泄。

导流隧洞的布置,取决于地形、地质、枢纽布置,以及水流条件等因素,具体要求和水工隧洞类似。但必须指出,为了提高隧洞单位面积的泄流能力,减小洞径,应注意改善隧洞的过流条件。隧洞进出口应与上下游水流相衔接,与河道主流的交角以30°左右为宜;隧洞最好布置成直线,若有弯道,其转弯半径以大于五倍洞宽为宜,否则,因离心力作用会产生横波,或因流线折断而产生局部真空,影响隧洞泄流。隧洞进出口与上下游围堰之间要有适当距离,一般宜大于50 m,以防隧洞进出口水流冲刷围堰的迎水面。如河北官厅水库洞口离截流围堰太近,堰体防渗层受进洞主流冲刷,致使两次截流闭气未获成功。一般导流临时隧洞,若地质条件良好,多不做专门衬砌。为降低糙率,应推广光面爆破,以提高泄水量,降低隧洞造价。一般说,糙率值减小7%～15%,可使隧洞造价降低2%～6%。

一般山区河流,河谷狭窄,两岸地形陡峻,山岩坚实,采用隧洞导流较为普遍。但由于隧洞的泄水能力有限,汛期洪水宣泄常需另找出路,如允许基坑淹没或与其他导流建筑物联合泄流。隧洞是造价比较高昂和施工比较复杂的建筑物,因此,导流隧洞最好与永久隧洞相结合,统一布置,合理设计。通常永久隧洞的进口高程较高,而导流隧洞的进口高程比较低,此时,可开挖一段低高程的导流隧洞与永久隧洞低高程部分相连,导流任务完成后,将导流隧洞进口段堵塞,不影响永久隧洞运行,这种布置俗称"龙抬头"。例如,中国云南毛家村水库的导流隧洞就与永久泄洪隧洞结合起来进行布置。只有当条件不允许时,才专为导流开挖隧洞,导流任务完成后还需将它堵塞。

2.明渠导流

明渠导流指在河岸上开挖渠道,在基坑上下游修筑围堰,河水经渠道下泄。

导流明渠的布置,一定要保证水流顺畅,泄水安全,施工方便,缩短轴线,减少工程量。明渠进出口应与上下游水流相衔接,与河道主流的交角以30°左右为宜;为保证水流畅通,明渠转弯半径应大于五倍渠底宽度;明渠进出口与上下游围堰之间要有适当的距离,一般以50～100 m为宜,以防明渠进出口水流冲刷围堰的迎水面;此外,为减少渠中水流向基坑内入渗,明渠水面到基坑水面之间的最短距离以大于2.5 H为宜,其中,H为明渠水面与基坑水面的高差,以m计。

明渠导流,一般适用于岸坡平缓的河道上,如果当地有老河道可资利用,或工程修建在河流的弯道上,可裁弯取直开挖明渠,若能与永久建筑物相结合则更好,如埃及的阿斯旺坝就是利用了水电站的引水渠和尾水渠进行施工导流,此时采用明渠导流,常比较经济合理。

3.涵管导流

涵管导流一般在修筑土坝、堆石坝工程中采用。

涵管通常布置在河岸岩滩上,其位置常在枯水位以上,这样可在枯水期不修围堰或只修小围堰而先将涵管筑好,然后再修上、下游全段围堰,将河水引经涵管下泄。

涵管一般为钢筋混凝土结构,当有永久涵管可资利用时,采用涵管导流是合理的。在某些情况下,可在建筑物岩基中开挖沟槽,必要时加以衬砌,然后封上混凝土或钢筋混凝土顶盖,形成涵管。利用这种涵管导流往往可以获得经济、可靠的效果。由于涵管的泄水能力较低,一般仅用于导流量较小的河流上或只用来担负枯水期的导流任务。

必须指出,为了防止涵管外壁与坝身防渗体之间的接触渗流,可在涵管外壁每隔一段距离设置截流环,以延长渗径,降低渗降坡岸,减少渗流的破坏作用。此外,必须严格控制涵管外壁防渗体填料的压实质量,涵管管身的温度缝中的止水也必须认真修筑。

以上按分段围堰法和全段围堰法分别介绍了施工导流的几种基本方法。在实际工作中,由于枢纽布置和建筑物形式的不同以及施工条件的影响,必须灵活应用,进行恰当的组合才能比较合理地解决一个工程在整个施工期间的施工导流问题。

底孔和坝体缺口泄流并不只适用于分段围堰法导流,在全段围堰法后期导流时常有应用;隧洞和明渠泄流同样并不只适用于全段围堰法导流,在分段围堰法后期导流时也常有应用。因此,选择一个工程的导流方法,必须因时因地制宜,而不能机械地套用。

另外,实际工程中所采用的导流方法和泄水建筑物的形式,除了上面提到的,还有其他多种形式。例如,当选定的泄水建筑物不能全部宣泄施工期间的洪水时,可以允许围堰过水,采用淹没基坑的导流方法,这在山区河道水位暴涨暴落的条件下,往往是比较经济合理的;在平原河道河床式电站枢纽中,可利用电站厂房导流;在有船闸的枢纽中,可利用船闸的闸室导流;在小型工程中,如果导流设计流量较小,可以穿过基坑架设渡槽来宣泄施工流量等。

(三)导流时段的划分

在工程施工过程中,不同阶段可以采用不同的施工导流方法和挡水泄水建筑物。不同导流方法组合的顺序,通常称为导流程序。导流时段指按照导流程序所划分的各施工阶段的延续时间。导流设计流量只有待导流标准与导流时段划分后,才能相应地确定。

在我国,按河流的水文特征可分为枯水期、中水期和洪水期。在不影响主体工程施工条件下,若导流建筑物只承担枯水期的挡水泄水任务,显然可大大减少导流建筑物的工程量,改善导流建筑物的工作条件,具有明显的技术经济效果。因此,合理划分导流时段,明确不同时段导流建筑物的工作条件,是既安全又经济地完成导流任务的基本要求。

导流时段的划分与河流的水文特征、水工建筑物的布置和形式、导流方案、施工进度有关。土坝、堆石坝等一般不允许过水,因此,当施工期较短,而洪水来临前又不能完建时,导流时段就要考虑以全年为标准。其导流设计流量,就应按导流标准选择相应洪水重现期的年最大流量。如安排的施工进度能够保证在洪水来临前使坝身起拦洪作用,则导流时段应为洪水来临前的施工时段,导流设计流量则为该时段内按导流标准选择相应洪水重现期的最大流量。当采用分段围堰法导流,中后期用临时底孔泄流来修建混凝土坝时,一般宜划分为三个导流时段:第一时段,河水由束窄的河床通过,进行第一期基坑内的工程施工;第二时段,河水由导流底孔下泄,进行第二期基坑内的工程施工;第三时段,坝体全面升高,可先由导流底孔下泄,底孔封堵以后,则河水由永久泄水建筑物下泄,也可部分或完全拦蓄在水库中,直到工程完工。在各时段中,围堰和坝体的挡水高程和泄水建筑物的泄水能力,均应按相应时段内相应洪水重现期的最大流量作为导流设计流量进行设计。

山区内河流的特点是洪水期流量特别大,历时短,而枯水期流量特别小,因此,水位变幅很大。例如,江西上犹江水电站,坝型为混凝土重力坝,坝体允许过水,其所在的河道正常水位时水面宽仅 40 m,水深 6～8 m,当洪水来临时河宽增加不大,水深却增加到 18m。若按一般导流标准要求设计导流建筑物,不是挡水围堰修得很高,即泄水建筑物的尺寸很大,而使用期又不长,这显然是不经济的。在这种情况下,可以考虑采用允许基坑淹没的导流方案,就是大水来临时围堰过水,基坑淹没,河床部分停工,待洪水退落、围堰能够挡水时再继续施工。这种方案,由于基坑淹没引起的停工天数不多,对施工进度影响不大,而导流费用却能大幅降低,因此是经济合理的。

(四)导流方案的选择

一个水利枢纽工程的施工,从开工到完建往往不是采用单一的导流方法,而是几种导流方法组合起来配合运用,以取得最佳的技术经济效果。这种不同导流时段不同导流方法的组合,通常就称为导流方案。

导流方案的选择受各种因素的影响,必须在周密研究各种影响因素的基础上,拟订几个可能的方案,进行技术经济比较,从中选择技术经济指标优越的方案。

选择导流方案时,应考虑的主要因素如下。

1.水文条件

河流的流量大小、水位变化的幅度、全年流量的变化情况、枯水期的长短、汛期洪水的延续时间、冬季的流冰及冰冻情况等,均直接影响导流方案的选择。一般来说,对于河床宽、流量大的河流,宜采用分段围堰法导流;对于水位变化幅度大的山区河流,可采用允许基坑淹没的导流方法,在一定时期内通过过水围堰和基坑来宣泄洪峰流量。对于枯水期较长的河流,充分利用枯水期安排工程施工是完全必要的;但对于枯水期不长的河流,如果不利用洪水期进行施工就会拖延工期。对于有流冰的河流,应充分注意流冰的宣泄问题,以免流冰壅塞,影响泄流,造成导流建筑物出现事故。

2.地形条件

坝区附近的地形条件,对导流方案的选择影响很大。对于河床宽阔的河流,尤其在施工期间有通航、过筏要求的河流,宜采用分段围堰法导流。当河床中有天然石岛或沙洲时,采用分段围堰法导流更有利于导流围堰的布置,特别是纵向围堰的布置。例如,黄河三门峡水利枢纽的施工导流,就曾巧妙地利用了黄河激流中的人门岛、神门岛及其他石岛来布置一期围堰,取得了良好的技术经济效果。在河段狭窄、两岸陡峻、山岩坚实的地区,宜采用隧洞导流。至于平原河道,河流的两岸或一岸比较平坦,或高河湾、老河道可资利用时,则宜采用明渠导流。

3.地质及水文地质条件

河道两岸及河床的地质条件对导流方案的选择与导流建筑物的布置有直接影响。若河流两岸或一岸岩石坚硬、风化层薄且抗压强度足够时,则选用隧洞导流较有利。如果岩石的风化层厚且破碎,或有较厚的沉积滩地,则适合采用明渠导流。当采用分段围堰法导流时,由于河床的束窄,减小了过水断面的面积,使水流流速增大,这时,为了使河床不受过大的冲刷,避免把围堰基础掏空,应根据河床地质条件来决定河床可能束窄的程度。对于岩石河床,其抗冲刷能力较强,河床允许束窄程度较大,甚至有的达到88%,流速可增加到7.5 m/s。但对覆盖层较厚的河床,其抗冲刷能力较差,束窄程度多不到30%,流速仅允许达到3.0 m/s。此外,所选择围堰形式、基坑是否允许淹没、能否利用当地材料修筑围堰等,也都与地质条件有关。水文地质条件则对基坑排水工作和围堰形式的选择有很大关系。因此,为了更好地进行导流方案的选择,要对地质和水文地质勘测工作提出专门要求。

4.水工建筑物的形式及其布置

水工建筑物的形式和布置与导流方案选择相互影响,因此,在决定水工建筑物形式和布置时,应该同时考虑并拟订导流方案,而在选定导流方案时,应该充分利用建筑物形式和枢纽布置方面的特点。

如果枢纽组成中有隧洞、渠道、涵管、泄水孔等永久泄水建筑物,在选择导流方案时应该尽可能加以利用。在设计永久泄水建筑物的断面尺寸并拟订其布置方案时,应该充分考虑施工导流的要求。

采用分段围堰法修建混凝土坝枢纽时,应当充分利用水电站与混凝土坝之间或混凝土坝溢流段和非溢流段之间的隔墙,将其作为纵向围堰的一部分,以降低导流建筑物的造价。在这种情况下,对于第一期工程所修建的混凝土坝,应该核算它是否能够布置二期工程导流的底孔或预留缺口。例如,三峡水利枢纽溢流坝段的宽度,主要就是由二期导流条件所控制的。与此同时,为了防止河床冲刷过大,还应核算河床的束窄程度,保证有足够的过水断面来宣泄施工流量。

就挡水建筑物的形式来说,土坝、土石混合坝和堆石坝的抗冲能力小,除采用特殊措施外,一般不允许从坝身过水,因此,多利用坝身以外的泄水建筑物如隧洞、明渠等或坝身范围内的涵管来导流。这时,通常要求在一个枯水期内将坝身抢筑到拦洪高程以上,以免水流漫顶,发生事故。至于混凝土坝,特别是混凝土重力坝,由于抗冲刷能力较强,允许流速可达25 m/s,不但可以通过底孔泄流,而且可以通过未完建的坝身过水,使导流方案选择的灵活性大大增加。

5.施工期间河流的综合利用

施工期间,为了满足通航、筏运、供水、灌溉、渔业或水电站运行等的要求,使导流问题的解决更加复杂。如前所述,在通航河道上,大多采用分段围堰法导流。它要求河流在变窄以后,河宽仍能便于船只的通行,水深要与船只吃水深度相适应,束窄断面的最大流速一般不得超过2.0 m/s,特殊情况需与当地航运部门协商研究确定。

在施工中后期,水库拦洪蓄水时,要注意满足下游供水、灌溉用水和水电站运行的要求。有时为了保证渔业的要求,还要修建临时过鱼设施,以便鱼群能正常地洄游。

6.施工进度、施工方法及施工场地布置

水利工程的施工进度与导流方案密切相关,通常是根据导流方案安排控制性进度计划。在水利枢纽施工导流过程中,对施工进度起控制作用的关键性时段主要有:导流建筑物的完工期限、截断河床水流的时间、坝体拦洪的期限、封堵临时泄水建筑物的时间,以及水库蓄水发电的时间等。各项工程的施工方法和施工进度直接影响到各时段中导流任务的合理性和可能性。例如,在混凝土坝枢纽中,采用分段围堰施工时,若导流底孔没有建成,就不能截断河床水流或全面修建第二期围堰,若坝体没有达到一定高程且没有完成基础及坝身纵缝接缝灌浆,就不能封堵底孔或水库蓄水等。因此,施工方法、施工进度与导流方案是密切相关的。

此外,导流方案的选择与施工场地的布置也相互影响。例如,在混凝土坝施工中,当混凝土生产系统布置在一岸时,以采用全段围堰法导流为宜。若采用分段围堰法导流,则应以混凝土生产系统所在的一岸作为第一期工程,因为这样两岸施工交通运输问题比较容易解决。

在选择导流方案时,除了综合考虑以上各方面因素外,还应使主体工程尽可能及早发挥效益,简化导流程序,降低导流费用,使导流建筑物既简单易行,又适用可靠。

二、初期排水

(一)排水流量的确定

排水流量包括基坑积水、围堰堰身和地基及岸坡渗水、围堰接头漏水、降雨汇水等。对于混凝土围堰,堰身可视为不透水,除基坑积水外,只计算基础渗水量。对于木笼、竹笼等围堰,如施工质量较好,则渗水量也很小;如施工质量较差,则漏水较大,需区别对待。围堰接头漏水的情况也是如此。降雨汇水计算标准可同经常性排水。初期排水总抽水量为上述诸项之和,其中应包括围堰堰体水下部分及覆盖层地基的含水。积水的计算水位,根据截流程序不同而异。当先截上游围堰时,基坑水位可近似地用截流时的下游水位;当先截下游围堰时,基坑水位可近似采用截流时的上游水位。过水围堰基坑水位应根据退水闸的泄水条件确定。当无退水闸时,抽水的起始水位可近似地按下游堰顶高程计算。排水时间主要受基坑水位下降速度的限制。基坑水位允许下降速度视围堰形式、地基特性及基坑内水深而定。水位下降太快,则围堰或基坑边坡中动水压力变化过大,容易引起塌坡;下降太慢,则影响基坑开挖时间。一般下降速度限制在 $0.5 \sim 1.5 \ m/d$,对土石围堰取下限,对混凝土围堰则取上限。

排水时间的确定,应考虑基坑工期的紧迫程度、基坑水位允许下降速度、各期抽水设备及相应用电负荷的均匀性等因素,进行比较后选定。

排水量的计算:根据围堰形式计算堰身及地基渗流量,得出基坑内外水位差与渗流量的关系曲线;然后根据基坑允许下降速度,考虑不同高程的基坑面积后计算出基坑排水强度曲线。将上述两条曲线叠加后,便可求得初期排水的强度曲线,其中最大值为初期排水的计算强度。根据基坑允许下降速度,确定初期排水时间。以不同基坑水位的抽水强度乘上相应的区间排水时间之总和,便得初期排水总量。

试抽法。在实际施工中,制订措施计划时,还常用试抽法来确定设备容量。试抽时有以下三种情况。

(1)水位下降很快,表明原选用设备容量过大,应关闭部分设备,使水位下降速度符合设计规定。

(2)水位不下降,此时有两种可能性,即基坑有较大漏水通道或抽水容量过小。应查明漏水部位并及时堵漏,或加大抽水容量再行试抽。

(3)水位下降至某一深度后不再下降。此时表明排水量与渗水量相等,需增大抽水容量并检查渗漏情况,进行堵漏。

(二)排水泵站的布置

泵站的设置应尽量做到扬程低、管路短、少迁移、基础牢、便于管理、施工干扰少,并尽可能使排水和施工用水相结合。

初期排水布置视基坑积水深度不同,有固定式抽水站和移(浮)动式抽水站两种。由于水泵的允许吸出高度在 5 m 左右,当基坑水深在 5 m 以内时,可采用固定式抽水站,此时常设在下游围堰的内坡附近。当抽水强度很大时,可在上、下游围堰附近分设两个以上抽水站。当基坑水深大于 5 m 时,则以采用移(浮)动式抽水站为宜。此时水泵可布置在沿斜坡的滑道上,利用绞车操纵其上、下移动;或布置在浮动船、筏上,随基坑水位上升和下降,避免水泵在抽水中多次移动,影响抽水效率和增加不必要的抽水设备。

三、经常性排水

(一)排水系统的布置

排水系统的布置通常应考虑两种不同的情况:一是基坑开挖过程中的排水系统布置;二是基坑开挖完成后建筑物施工过程的排水系统布置。在具体布置时,最好能结合起来考虑,并使排水系统尽可能不影响施工。

1.基坑开挖过程中的排水系统

应以不妨碍开挖和运输工作为原则。根据土方分层开挖的要求,分次降低地下水位,通过不断降低排水沟高程,使每一开挖土层呈干燥状态。一般常将排水干沟布置在基坑中部,以利两侧出土。随着基坑开挖工作的进展,逐渐加深排水干沟和支沟,通常保持干沟深度为 1.0～1.5 m,支沟深度为 0.3～0.5 m。集水井布置在建筑物轮廓线的外侧,集水井应低于干沟的沟底。

有时基坑的开挖深度不一,即基坑底部不在同一高程,这时应根据基坑开挖的具体情况布置排水系统。有的工程采用层层截流、分级抽水的方式,即在不同高程上布置截水沟、集水井和水泵,进行分级排水。

　　2.修建建筑物时的排水系统

　　该阶段排水的目的是控制水位低于基坑底部高程,保证施工在干地条件下进行。修建建筑物时的排水系统通常都布置在基坑的四周,排水沟应布置在建筑物轮廓线的外侧,距基坑边坡坡脚不小于0.3m,排水沟的断面和底坡,取决于排水量的大小。一般排水沟底宽不小于0.3 m,沟深不大于1.0 m,底坡不小于2%。在密实土层中,排水沟可以不用支撑;但在松土层中,则需木板支撑。

　　水经排水沟流入集水井,在井边设置水泵站,将水从集水井中抽出。集水井布置在建筑物轮廓线以外较低的地方,它与建筑物外缘的距离必须大于井的深度。井的容积至少要保证水泵停工10～15 min,由排水沟流入集水井中的水量不致集水井漫溢。

　　为防止降雨时因地面径流进入基坑而增排水量甚至淹没基坑影响正常施工,往往在基坑外缘挖设排水沟或截水沟,以拦截地面水。排水沟或截水沟的断面尺寸及底坡应根据流量和土质确定,一般沟宽和沟深不小于0.5 m,底坡不小于2%,基坑外地面排水最好与道路排水系统结合,便于采用自流排水。

　　(二)排水量的估算

　　经常性排水包括围堰和基坑的渗水、排水过程中的降水、施工弃水等。

　　渗水。主要计算围堰堰身和基坑地基渗水两部分,应按围堰工作过程中可能出现的最大渗透水头来计算,最大渗水量还应考虑围堰接头漏水及岸坡渗流水量等。

　　降水汇水。取最大渗透水头出现时段中日最大降雨强度进行计算,要求在当日排干。当基坑有一定的集水面积时,需修建排水沟或截水墙,将附近山坡形成的地表径流引向基坑以外。当基坑范围内有较大集雨面积的溪沟时还需有相应的导流措施,以防暴雨径流淹没基坑。

　　施工用水包括混凝土养护用水、冲洗用水(凿毛冲洗、模板冲洗和地基冲洗等)、冷却用水、土石坝的碾压和冲洗用水及施工机械用水等。用水量应根据气温条件、施工强度、混凝土浇筑层厚度、结构形式等确定。混凝土养护用弃水,可近似地以每方混凝土每次用水5 L、每天养护8次计算,但降水和施工弃水不得叠加。

第二节　爆破工程

一、爆破的概念与分类

(一)爆破的概念

　　爆破是炸药爆炸作用于周围介质的结果。埋在介质内的炸药引爆后,在极短的时间内,由固态转变为气态,体积增加数百倍甚至几千倍,伴随产生极大的压力和冲击力,同时还产生很高的温度,使周围介质受到各种不同程度的破坏,称为爆破。

(二)爆破的常用术语

1.爆破作用圈

当具有一定质量的球形药包在无限均质介质内爆炸时,在爆炸作用下,距离药包中心不同区域的介质,由于受到的作用力不同,会产生不同程度的破坏或振动现象。整个被影响的范围就叫作爆破作用圈。这种现象随着与药包中心间距离的增大而逐渐消失。

(1)压缩圈

在这个作用圈范围内,介质直接承受了药包爆炸而产生的巨大的作用力,因而如果介质是可塑性的土壤,便会遭到压缩形成孔腔;如果介质是坚硬的脆性岩石,便会被粉碎。

(2)抛掷圈

抛掷圈受到的爆破作用力虽较压缩圈范围内小,但介质原有的结构受到破坏,分裂成为各种尺寸和形状的碎块,而且爆破作用力尚有余力足以使这些碎块获得能量。如果这个地带的某一部分处在临空的自由面条件下,破坏了的介质碎块便会产生抛掷现象,因而叫作抛掷圈。

(3)松动圈

松动圈又称破坏圈。爆破的作用力更弱,除了能使介质结构受到不同程度的破坏,没有余力可以使破坏了的碎块产生抛掷运动,因而叫作破坏圈。工程上为了实用起见,一般还把这个地带被破碎成为独立碎块的一部分叫作松动圈,而把只是形成裂缝、互相间仍然连成整块的一部分叫作裂缝圈或破裂圈。

2.爆破漏斗

在有限介质中爆破,当药包埋设较浅,爆破后将形成以药包中心为顶点的倒圆锥形爆破坑,称为爆破漏斗。爆破漏斗的形状多种多样,随着岩土性质、炸药的品种性能和药包大小及药包埋置深度等不同而变化。

3.最小抵抗线

由药包中心至自由面的最短距离。

4.爆破漏斗半径

在介质自由面上的爆破漏斗半径。

5.爆破作用指数

爆破作用指数是爆破漏斗半径 r 与最小抵抗线 W 的比值。即:

$$n = \frac{r}{W}$$

爆破作用指数的大小可判断爆破作用性质及岩石抛掷的远近程度,也是计算药包量、决定漏斗大小和药包距离的重要参数。一般用 n 来区分不同爆破漏斗,划分不同爆破类型:当 $n=1$ 时,称为标准抛掷爆破漏斗;当 $n>1$ 时,称为加强抛掷爆破漏斗;当 $0.75<n<1$ 时,称为减弱抛掷爆破漏斗;当 $0.33<n\leqslant0.75$ 时,称为松动爆破漏斗;当 $n\leqslant0.33$ 时,称为裸露爆破漏斗。

6.可见漏斗深度

经过爆破后所形成的沟槽深度叫作可见漏斗深度,它与爆破作用指数大小、炸药的性质、药包的排数、爆破介质的物理性质和地面坡度有关。

7.自由面

自由面又称临空面,指被爆破介质与空气或水的接触面。同等条件下,临空面越多炸药用量越小,爆破效果越好。

8.二次爆破

二次爆破指大块岩石的二次破碎爆破。

9.破碎度

破碎度指爆破岩石的块度或块度分布。

10.单位耗药量

单位耗药量指爆破单位体积岩石的炸药消耗量。

11.炸药换算系数

炸药换算系数指某炸药的爆炸力与标准炸药爆炸力之比(目前以2号岩石铵梯炸药为标准炸药)。

(三)药包种类及药量计算

药包的类型不同,爆破的效果也各异。按形状,药包分为集中药包和延长药包,具体可通过药包的最长边 L 和最短边 a 的比值进行划分:当 $L/a\leqslant4$ 时,为集中药包;当 $L/a>4$ 时,为延长药包。

对于大爆破,采用洞室装药,常用集中系数 φ 来区分药包的类型。

(1)对单个集中药包,其装药量计算公式为:

$$Q=KW^3f(n)$$

式中:K 为规定条件下的标准抛掷爆破的单位耗药量,kg/m^3;W 为最小抵抗线,m;$f(n)$ 为爆破作用指数的函数。

(2)对钻孔爆破,一般采用延长药包,其药量计算公式为:

$$Q=qV$$

式中:q 为钻孔爆破条件下的单位耗药量,kg/m^3;V 为钻孔爆破所需爆落的方量,m^3。

总之,装药量的多少,取决于爆破岩石的体积、爆破漏斗的规格和其他有关参数,但是上述公式,对于爆破质量、岩石破碎块度等要求,均未得到反映。因此,必须在实际应用中根据现场,具体条件和技术要求,加以必要的修正。

二、爆破施工

(一)爆破方法

工程爆破的基本方法按照药室的形状不同主要可分为钻孔爆破和洞室爆破两大类。爆破的方法的选取取决于施工条件、工程规模和开挖强度的要求。在岩体的开挖轮廓线上,为了获得平整的轮廓面、减少爆破对保留岩体的损伤,通常采用预裂或光面爆破等技术。另外根据不同需要还有定向爆破、岩塞爆破、拆除爆破等特种爆破。

1.钻孔爆破

根据孔径的大小和钻孔的深度,钻孔爆破又分为浅孔爆破和深孔爆破。前者孔径小于 75 mm,孔深小于 5 m;后者孔径大于 75 mm,孔深超过 5 m。

浅孔爆破有利于控制开挖面的形状和规格,使用的钻机具也较为简单,操作方便;缺点是劳动生产率较低,无法适应大规模爆破的需要。浅孔爆破大量应用于露天工程中小型料场的开采,水工建筑物基础分层开挖,地下工程开挖及城市建筑物的控制爆破。

深孔爆破则恰好弥补了浅孔爆破的一些缺点,主要适用于料场和基坑的大规模、高强度开挖。

同时炮孔的布置也应该合理,在施工中形成台阶状,充分利用天然临空面或创造更多的临空面,达到提高爆破效果,降低成本,便于组织钻孔、装药、爆破和出渣的平行流水作业,避免干扰,加快进度等目的。

2.洞室爆破

洞室爆破通常也称为大爆破。它是先在山体内开挖导洞及药室,在药室内装入大量炸药组成的集中药包,一次可以爆破大量石方。洞室爆破可以进行松动爆破或定向爆破。进入洞室的导洞有平洞及竖井两种形式,平洞的断面一般为 1.0 m×1.4 m～1.2 m×1.8 m,竖井的断面为 1.0 m×1.2 m～1.5 m×1.8 m。平洞以不超过 30 m 长为宜,竖井以不超过 20 m 深为宜,平洞施工方便,且便于通风、排水,应优先选用。药室的开挖容积与装药量、装药系数及装药密度有关,其形状有正方形、长方形、回字形、T 字形和十字形等,其容积可按下式计算:

$$V = A\frac{Q}{\Delta}$$

式中:V 为药室的开挖容积,m²;Q 为药包重量,kg;A 为装药系数,与药室装药工作条件有关,一般为 1.10～1.15;Δ 为炸药装药密度,kg/m³。

在洞室爆破中,一个导洞往往连接两个或多个药室,药室与药室间的距离为最小抵抗线的 0.8～1.2 倍。

洞室爆破的电力起爆线路一般采用并串联或串并联的电爆网路,并以复式线路方式配有导爆索网路,以确定安全起爆。起爆药包宜采用起爆敏感度及爆速较高的炸药,起爆药包的重量约占药包总重量的1‰~2‰,通常装在木板箱内,由导爆索束和雷管束来引爆。在有地下水的药室内,起爆药应有防水防潮能力。

在药室内有多个起爆药包时,为避免电爆网络引线过多而产生接线差错,可在主起爆药包用电雷管起爆,其他副起爆药包由主起爆药包引出的导爆索束引爆。

洞室爆破在装药时,应注意把近期出厂且未受潮的炸药放在药室中部,并把起爆药包放置在中间,装完全部药后立即用黏土和细石渣将导洞堵塞。竖井一般要全堵,先在靠近药包处填黏土并拍实,填入2~3m黏土后再回填石渣。回填堵塞时,对引出的起爆线路要细心保护。

3.定向爆破筑坝

定向爆破筑坝是利用陡峻的岸坡布药,定向松动崩塌或抛掷爆落岩石至预定位置,截断河道,然后通过人工修整达到坝体设计要求的筑坝技术。

(1)适用条件

定向爆破筑坝,地形上要求河谷狭窄,岸坡陡峻(倾角在40°以上),山高山厚应为设计坝高的2倍以上;地质上要求爆区岩性均匀、强度高、风化弱、结构简单、覆盖层薄、地下水位低、渗水量小;水工上对坝体有严格防渗要求的多采用斜墙防渗;对坝体防渗要求不甚严格的,可通过爆破控制粒度分布,抛成宽体堆石坝,不另筑防渗体。泄水和导流建筑物的进出口应在堆积范围以外并满足防止爆震的安全要求;施工上要求爆前完成导流建筑物、布药岸的交通道路、导洞药室的施工及引爆系统的铺设等。

(2)药包布置

定向爆破筑坝的药包布置可以采用一岸布药或两岸布药。当河谷对称,两岸地形、地质、施工条件较好,则应采用两岸爆破,这样有利于缩短抛距,节约炸药,增加爆堆方量,减少人工加高工程量。当一岸不具备以上条件,或河谷过窄,一岸山体雄厚,爆落方量已能满足需要,则一岸爆破也是可行的。定向爆破药包布置应在保证工程安全的前提下,尽量提高抛掷上坝方量。从维护工程安全的角度出发,要求药包位于正常水位以上,且大于铅直破坏半径。药包与坝肩的水平距离应大于水平破坏半径。药包布置应充分利用天然凹岸,在同一高程按坝轴线对称布置单排药包。若河段平直,则宜布置双排药包,利用前排的辅助药包创造人工临空面,利用后排的主药包保证上坝堆积方量。

4.预裂爆破和光面爆破

为保证保留岩体按设计轮廓面成型并防止围岩破坏,可采用轮廓控制爆破技术。常用的轮廓控制爆破技术包括预裂爆破和光面爆破。所谓预裂爆破,就是首先起爆布置在设计轮廓线上的成排的预裂爆破孔内的延长药包,形成一条沿设计轮廓线贯穿的裂缝,再进行该裂缝以外的主体开挖部位的爆破,保证保留岩体免遭破坏;光面爆破是先爆除主体开挖部位的岩体,然后再起爆布置在设计轮廓线上的周边孔药包,将光爆层炸除,形成一个平整的开挖面。

预裂爆破和光面爆破在坝基、边坡和地下洞岩体开挖中获得了广泛应用。

5.岩塞爆破

岩塞爆破是一种水下控制爆破。在已建水库或天然湖泊中,若拟通过引水隧洞或泄洪洞达到取水、发电、灌溉、泄洪和放空水库或湖泊等目的,为避免隧洞进水口修建时在深水中建造围堰,采用岩塞爆破是一种经济而有效的方法。施工时,先从隧洞出口逆水流向开挖,待掌子面到达水库或湖泊的岸坡或底部附近时,预留一定厚度的岩塞,待隧洞和进口控制闸门井全部完建后,再一次将岩塞炸除,使隧洞和水库或湖泊连通。

6.拆除爆破

我国水电工程普遍采用混凝土、混凝土心墙以及岩坎等结构形式的围堰。当它们完成挡水导流功能后,一般采取爆破法拆除。围堰拆除爆破按照岩渣的处理方式可分为泄渣爆破和留渣(聚渣)爆破两类。

泄渣爆破是利用水流的力量将爆渣冲向下游河道的爆破方法,导流洞(导流明渠)出口围堰和基坑下游围堰一般采用此法。

留渣爆破是指围堰经爆破破碎后,再利用机械进行水下清渣的方法,上游围堰的拆除一般采用此法。

围堰和岩坎爆破施工一般是利用其顶面、非临水面及围堰内部廊道等无水区进行钻爆作业。其炮孔布置根据实际需要可采用铅直孔、水平孔、扇形孔、水平孔和铅直孔相结合等不同方式,采用钻孔爆破、洞室爆破或洞室和钻孔爆破相结合的方法进行爆破;在起爆网络上则广泛运用导爆管双复式交叉接力起爆网络。

进行围堰和岩坎爆破设计时,必须确保一次爆破成功,满足过流条件,并确保邻近爆区各种已建水工建筑物的安全。

7.改善爆破效果的方法和措施

改善爆破效果归根结底是提高爆破的有效能量利用率,并针对不同情况采取不同措施。

(1)合理利用和创造人工自由面。实践证明,充分利用多面临空的地形,或人工创造多面临空的自由面,有利于降低爆破的单位耗药量。当采用深孔爆破时,增加梯度高度或用斜孔爆破,均有利于提高爆破。平行坡面的斜孔爆破,由于爆破时沿坡面的阻抗大体相等,且反射拉力波的作用范围增大,通常可较铅直孔的能量利用率提高50%。斜孔爆破后边坡稳定,块度均匀,还有利于提高装车效率。

（2）采用毫秒微差挤压爆破。毫秒微差挤压爆破是利用孔间雷管的微差迟发不断创造临空面,使岩体内的应力波与先期产生残留在岩体内的应力叠加,从而提高爆破的能量利用率。在深孔爆破中可降低单位耗药量15%～25%且使超径大块料降低到1%以下。

（3）分段装药爆破。常规孔眼爆破,药包位于孔底,爆能集中,爆后块度不匀。为改善爆效,沿孔长分段装药,使爆能均匀分布,且增长爆压作用时间。

（4）采用不耦合装药。药包和孔壁（洞壁）间留一定空气间隙,形成不耦合装药结构。由于药包四周存在空隙,降低了爆炸的峰压,从而降低或避免了过度粉碎岩石,同时使爆压作用时间增长,从而增大了爆破冲量,提高了爆破能量利用率。

（5）保证堵塞长度和堵塞质量。实践证明,当其他条件相同时,堵塞良好的爆破效果及能量利用率较堵塞不良的可以成倍地提高。

（二）爆破工序

爆破施工是把爆破设计付诸实施的一系列工序环节,包括装药、堵塞、起爆网络连接、警戒后起爆和爆破后可能出现的问题处理等。

1.装药

装药前应对炮孔参数进行检查验收,测量炮孔位置、炮孔深度是否符合设计要求。然后对钻孔进行清孔,可用风管通入孔底,利用压缩空气将孔内的岩渣和水分吹出。确认炮孔合格后,即可进行装药工作。一定要严格按照预先计算好的每孔装药量和装药结构进行装药,如炮孔中有水或是潮湿时,应采取防水措施或改用防水炸药。

装炸药时注意起爆药包的安放位置要符合设计要求。另外,在炮孔内放入起爆药包后,先接着放入一两个普通药包,再用炮棍轻轻压紧,不可用猛力去捣实起爆药包,防止早爆事故或将雷管脚线拉断造成拒爆。但当采用散装药时,应在装入药量的80%～85%之后再放入起爆药包,这样做有利于防止静电等因素引起的早爆事故。当采用导爆索束起爆时,假如周边孔爆破,应该用胶布将导爆索束与每个药卷紧密贴合,才能充分发挥导爆索束的引爆作用。

2.堵塞

炮孔装药后孔口未装药部分应该用堵塞物进行堵塞。良好的堵塞能阻止爆轰气体产物过早地从孔门冲出,保证爆炸能量的利用率。

常用的堵塞材料有砂子、黏土、岩粉等。而小直径炮孔则常用炮泥,它是用砂子和黏土混合配制而成的,其重量比为3:1,再加上20%的水,混合均匀后再揉成直径稍小于炮孔直径的炮泥段。堵塞时将炮泥段送入炮孔,用炮棍适当挤压捣实。炮孔堵塞段应是连续的,中间不要间断。堵塞长度与抵抗线有关,一般来说,堵塞段长度不能小于最小抵抗线。

3.起爆网络连接

采用电雷管或导爆管雷管起爆系统时,应根据设计具体要求进行网络连接。

4.警戒后起爆

警戒人员应按规定警戒点进行警戒,在未确认撤除警戒前不得擅离职守。要有专人核对装药、起爆炮孔数,并检查起爆网络、起爆电源开关及起爆主线。爆破指挥人员要确认周围的安全警戒和起爆准备工作完成,爆破信号已发布起效后,方可发出起爆命令。起爆中有专人观察起爆情况,起爆后,经检查确认炮孔全部起爆后,方可发出解除警戒信号、撤除警戒人员。如发现哑炮,要采取安全防范措施后,才能解除警戒信号。

第三节　土石方工程

一、土石工程种类和性质

(一)土的分类

1.一类土——松软土

包括砂土、粉土、冲积砂土层、疏松的种植土、淤泥(泥炭)。

2.二类土——普通土

包括粉质黏土,潮湿的黄土,夹有碎石、卵石的砂,粉土混卵(碎)石,种植土,填土。

3.三类土——坚土

包括软及中等密实黏土,重粉质黏土,砾石土,干黄土、含有碎(卵)石的黄土,粉质黏土、压实的填土。

4.四类土——砂砾坚土

包括坚硬密实的黏性土或黄土,含卵石、碎石的中等密实的黏性土或黄土,粗卵石,天然级配砂石,软泥灰岩。

5.五类土——软石

包括硬质黏土,中密的页岩、泥灰岩、白垩土,胶结不紧的砾岩,软石灰及贝壳石灰石。

6.六类土——次坚石

包括泥岩、砂岩、砾岩,坚实的页岩、泥灰岩,密实的石灰岩,风化花岗岩、片麻岩及正长岩。

7.七类土——坚石

包括大理石,辉绿岩,玢岩,粗、中粒花岗岩,坚实的白云岩、砂岩、砾岩、片麻岩、石灰岩,微风化安山岩,玄武岩。

8.八类土——特坚石

包括安山岩,玄武岩,花岗片麻岩,坚实的细粒花岗岩、闪长岩、石英岩、辉长岩、辉绿岩、玢岩、角闪岩。

(二)土方工程种类与特点

土方工程是建筑施工中的主要工程之一,它包括土(或石)的开挖、运输、填筑、平整与压实等施工过程,以及排除地面水、降低地下水位和土壁支撑等辅助性工作。工业与民用建筑工程中的土方工程一般分为以下四类。

1.场地平整

场地平整是在地面上进行挖填作业,将建筑场地平整为符合设计高程要求的平面。

2.基坑(槽)、管沟开挖

指在地面以下为浅基础、桩承台及地下管道等施工而进行的土方开挖。

3.地下大型土方开挖

指在地面以下为大型设备基础、地下建筑物或深基础等施工而进行的土方开挖。

4.土方填筑

土方填筑是对低洼处用土方分层填平。

土方工程的施工工程量大,劳动繁重,施工工期长。因此,为了减轻繁重的劳动强度,提高劳动生产率,缩短工期,降低工程成本,在组织土方施工时,应合理地选择土方机械,尽可能采用机械化施工。此外,土方工程施工条件复杂,其施工的难易程度,直接受地形、地质、水文、施工季节及施工场地周围环境等因素的影响。所以,施工前应深入调查,详尽地掌握以上各种资料,然后根据该工程的特点和规模,拟订合理的施工方案及其相应的技术措施组织施工。

二、土料压实

土石料的压实是土石坝施工质量的关键。维持土石坝自身稳定的土料内部阻力(黏结力和摩擦力)、土料的防渗性能等,都是随土料密实度的增加而提高。例如,干表观密度为 $1.4\ t/m^3$ 的砂壤土,压实后若提高到 $1.7\ t/m^2$,其抗压强度可提高 4 倍,渗透系数将降低至 $1/2000$。土料压实,可使坝坡加陡,加快施工进度,降低工程投资。

土料压实特性与土料本身的性质、颗粒组成情况、级配特点、含水量大小,以及压实功能等有关。

黏性土和非黏性土的压实有显著的差别。一般黏性土的黏结力较大,摩擦力较小,具有较大的压缩性。但由于它的透水性小,排水困难,压缩过程慢,很难达到固结压实。非黏性土料则正好相反,它的黏结力小,摩擦力大,具有较小的压缩性。但由于它的透水性大,排水容易,压缩过程快,能很快达到密实。

土料颗粒粗细、组成也影响压实效果。颗粒越细,孔隙比就越大,所含矿物分散度越大,也就越不容易压实,所以黏性土的压实干表观密度低于非黏性土的压实干表观密度。颗粒不均匀的砂砾料,比颗粒均匀的细砂可能达到的干表观密度要大一些。

土料的含水量是影响压实效果的重要因素之一。用原南京水利实验处击实仪对黏性土的击实试验,得到一组击实次数、干表观密度与含水量的关系曲线。在某一击实次数下,干表观密度达到最大值时的含水量为最优含水量;对每一种土料,在一定的压实功能下,只有在最优含水量范围内,才能获得最大的干表观密度,且压实也较经济。

非黏性土料的透水性大、排水容易、压缩过程快,能够很快达到压实,不存在最优含水量,含水量不做专门控制,这是非黏性土料与黏性土料压实特性的根本区别。

压实功能的大小也影响着土料干表观密度的大小,击实次数增加,干表观密度随之增大而最优含水量则随之减小。说明同一种土料的最优含水量和最大干表观密度并不是一个恒定值,而是随压实功能的不同而异。

一般来说,增加压实功能可增加干表观密度,这种特性对于含水量较低(小于最优含水量)的土料比对于含水量较高(大于最优含水量)的土料更为显著。

三、面板堆石坝施工

面板堆石坝是以堆石料(含砂砾石)分层碾压成坝体,并以混凝土或沥青混凝土面板作为防渗斜墙的堆石坝,简称面板坝。这种坝型的断面工程量小、安全性好、施工方便、适应性强、造价低等优点,受坝工界的普遍重视。

(一)堆石材料的质量要求和坝体材料分区

面板堆石坝上游面有薄层的防渗斜面板,面板可以是刚性钢筋混凝土的,也可以是柔性沥青混凝土的。坝身主要是堆石结构。要求良好的堆石材料以尽量减少堆石体的变形,为面板正常工作创造条件,是坝体安全运行的前提。

(二)堆石坝填筑工艺

坝体填筑应在坝基、岸坡处理完毕,面板底座混凝土浇筑完成后进行。垫层料、过渡料和一定宽度的主堆石料的填筑应平起施工,均衡上升。

主、次堆石区可分区、分期填筑,其纵、横坡面上均可布置临时施工道路,但必须设于填筑压实合格的坝段。主堆石区与岸坡、混凝土结构接触带要回填宽 1~2 m 过渡带料。

垫层料、过渡料卸料铺筑时,要避免骨料离析,两者交界处避免大石集中,超径石应予剔除。垫层料铺筑时,上游侧超铺 20~30 mm。每升高 10~15 m,进行垫层坡面削坡修整和碾压,削坡修整后,坡面在法线方向应高于设计线 5~8 cm。有条件时宜用激光控制削坡的坡度。斜坡碾压可用振动碾。压实合格后,尽快进行护面,常用的形式有碾压水泥砂浆、喷乳化沥青、喷混凝土等。碾压砂浆表面、喷混凝土表面允许误差为±5 cm。

坝料铺筑采用进占法卸料,及时平料,保持填筑面平整。用测量方法检查厚度,超厚处及时处理。坝料填筑宜加水碾压,加水要均匀,控制加水量。采用振动平碾压实,碾重不小于10 t。经常检测振动碾的工作参数。碾压应按坝料分区分段进行,各碾压段之间的搭接不应小于1.0 m。坝体堆石区纵、横向接坡宜采用台阶收坡法施工,台阶宽度不宜小于1.0 m,填筑高差不宜过大。

下游护坡宜与坝体填筑平起施工,护坡石宜选取大块石,机械整坡、堆码,或人工干砌,块石间嵌合要牢固。

(三)沥青混凝土面板施工

沥青混凝土由于抗渗性好,适应变形能力强,工程量小,施工速度快,正在广泛用于土石坝的防渗体。

1.沥青混凝土施工方法分类

沥青混凝土的施工方法有碾压法、浇筑法、预制装配法和填石振压法四种。碾压法是将热拌沥青混合料摊铺后碾压成型的施工方法,用于土石坝的心墙和斜墙施工;浇筑法是将高温流动性热拌沥青混合材料灌注到防渗部位,一般用于土石坝心墙;预制装配法是把沥青混合料预制成板或块,在现场装配,目前使用尚少;填石振压法是先将热拌的细粒沥青混合材料摊铺好,填放块石,然后用巨型振动器将块石振入沥青混合料。

2.沥青混凝土防渗体的施工特点

(1)防渗体较薄,工程量小,机械化程度高,施工速度快。施工需专用施工设备和经过施工培训的专业人员完成。

(2)高温施工,施工顺序和相互协调要求严格。

(3)防渗体无须分缝分块,但与基础、岸坡及刚性建筑物的连接需谨慎施工。

(4)相对于土防渗体而言,沥青混凝土防渗体不因开采土料而破坏植被,利于环保,需外购沥青。

(四)混凝土面板施工

底座的基坑开挖、处理、锚筋及灌浆等项目,应按设计及有关规范要求进行,并在坝体填筑前施工。

面板施工,对于中低坝,一般是在堆石体填筑全部结束后进行,这主要是考虑到施工期产生沉陷的影响,避免面板产生较大的沉陷与位移,以减少面板开裂的可能性;对于80~100 m以上的高坝或需拦洪度汛等,面板也可分期施工。

为加快施工进度,保证面板的体型和设计厚度,近年来国内外几乎所有的面板混凝土浇筑都采用钢制滑动模板。滑动模板轨道固定的方法有:在面板下的垫层、堆石体上预埋混凝土锚块、现浇混凝土条带、直接在垫层喷混凝土护面上打设锚筋等。轨道的作用是固定模板位置,使滑动模板及钢筋网运输台车能在其上滑行。

面板钢筋可采用钢筋网分片绑扎,由运输台车运至现场安装,也可在现场直接绑扎或焊接。

面板混凝土的坍落度一般为8~10 cm。坝高不大时可在坝脚及坝顶设置起重机运输混凝土。坝高较大时,可用溜槽、混凝土泵输送混凝土;也可设置喂料车,由侧卸汽车运至坝顶,喂料车装混凝土后沿斜面下放至浇筑面。据国外施工经验,溜槽输送混凝土距离可达400m,落差可达100 m以上。溜槽搁置在面板钢筋网上,上端与坡顶前沿的集料斗相连,中间可设"Y"形叉槽分支,分支的下端为摆动溜槽进入混凝土浇筑仓面。溜槽内安置缓冲挡板,控制混凝土离析。溜槽之间用挂钩搭接,搭接长度为5 cm,并用尼龙绳固定在钢筋上,随着混凝土不断上升,溜槽从下向上逐节拆除。为防止骨料飞逸或天气炎热散失混凝土中水分等,溜槽上可铺盖麻袋。

滑动模板从底部开始直到坝顶连续浇筑混凝土,边浇筑、边振捣、边滑行。模板后面始终保持一定厚度的混凝土料,防止发生拉空现象。模板在滑行中应保持水平,宜采用小型振捣器振捣,不应振动钢筋和模板,面板不平部分,及时用人工修正抹平。混凝土振捣方法、配合比、气温、供料及模板移动速度,对滑动模板浇筑效果都有影响,施工中应注意调整,以免影响浇筑质量。

面板的浇筑次序通常是先浇中央部位的条块,然后分别向左右两侧相间地继续浇筑。当一侧的面板在浇筑时,另一侧相应的条块可同时进行安装滑模轨道、设置止水片、绑扎钢筋、安装观测设备、电缆及溜槽等各项准备工作。

由于面板未设置水平伸缩缝,为尽可能减少面板干裂,在水库蓄水前,对已浇筑的面板应加强洒水养护和表面保护。

混凝土面板,是面板堆石坝挡水防渗的主要部位,同时也是影响施工进度与工程造价的关键。在确保质量的前提下,还必须进一步研究快速经济的施工技术,如施工机具的研制、混凝土输送和浇筑方案的选择、施工工艺及技术措施等方面的问题。

第四节　混凝土工程

一、料场规划

(一)骨料的料场规划

骨料的料场规划是骨料生产系统设计的基础。伴随设计阶段的深入,料场勘探精度的提高,要提出相应的最佳用料方案。最佳用料方案取决于料场的分布、高程、骨料的质量、储量、天然级配、开采条件、加工要求、弃料多少、运输方式、运输距离、生产成本等因素。骨料料场的规划、优选,应通过全面技术经济论证。

砂石骨料的质量是料场选择的首要前提。骨料的质量要求包括强度、抗冻、化学成分、颗粒形状、级配和杂质含量等。水工现浇混凝土粗骨料多用四级配,即5～20 mm、20～40 mm、40～80 mm、80～120 mm(或 150 mm)。砂子为细骨料,通常分为粗砂和细砂两级,其大小级配由细度模数控制,合理取值为 2.4～3.2。增大骨料颗粒尺寸、改善级配,对于减少水泥用量,提高混凝土质量,特别是对大体积混凝土的控温防裂具有积极意义。然而,骨料的天然级配和设计级配要求总有差异,各种级配的储量往往不能同时满足要求。这就需要多采或通过加工来调整级配及其相应的产量。骨料来源有三种:天然骨料,采集天然砂砾料经筛分分级,将富裕级配的多余部分作为弃料,天然混合料中含砂不足时,可用山砂即风化砂补足;人工骨料,用爆破开采块石,通过人工破碎筛分成碎石,磨细成砂;组合骨料,以天然骨料为主,人工骨料为辅。其中,人工骨料可以由天然骨料筛出的超径料加工而得,也可以爆破开采块石经加工而成。

搞好砂石料场规划应遵循如下原则。

(1)首先要了解砂石料的需求、流域(或地区)的近期规划、料源的状况,以确定是建立流域或地区的砂石生产基地还是建立工程专用的砂石系统。

(2)应充分考虑自然景观、珍稀动植物、文物古迹保护方面的要求,将料场开采后的景观、植被恢复(或美化改造)列入规划,应重视料源剥离和弃渣的堆存,应避免水土流失,还应采取恢复的措施。在进行经济比较时应计入这方面的投资。当在河滩开采时,还应对河道冲淤、航道影响进行论证。

(3)满足水工混凝土对骨料的各项质量要求,其储量力求满足各设计级配的需要,并有必要的富余量。初查精度的勘探储量,一般不少于设计需要量的3倍,详细精度的勘探储量,一般不少于设计需要量的2倍。

(4)选用的料场,特别是主要料场,应场地开阔,高程适宜,储量大,质量好,开采季节长,主辅料场应能兼顾洪枯季节,互为备用。

(5)选择可采率高,天然级配与设计级配较为接近,用人工骨料调整级配数量少的料场。任何工程应充分考虑利用工程弃渣的可能性和合理性。

(6)料场附近有足够的回车和堆料场地,且占用农田少,不拆迁或少拆迁现有生活、生产设施。

(7)选择开采准备工作量小,施工简便的料场。

如以上要求难以同时满足,应以满足主要要求,即以满足质量、数量为基础,寻求开采、运输、加工成本费用低的方案,确定采用天然骨料、人工骨料还是组合骨料用料方案。若是组合骨料,则需确定天然和人工骨料的最佳搭配方案。通常对天然料场中的超径料,通过加工补充短缺级配,形成生产系统的闭路循环,这是减少弃料、降低成本的好办法。若采用天然骨料方案,为减少弃料应考虑各料场级配的搭配,满足料场的最佳组合。显然,质好、量大、运距短的天然料场应优先采用。只有在天然料运距太远,成本太高时,才考虑采用人工骨料方案。

人工骨料通过机械加工,级配比较容易调整,以满足设计要求。人工破碎的碎石,表面粗糙,与水泥砂浆胶结强度高,可以提高混凝土的抗拉强度,对防止混凝土开裂有利。但在相同水灰比的情况下,同等水泥用量的碎石混凝土较卵石混凝土的和易性和工作度要差一些。

有活性的骨料会引起混凝土的过量膨胀,一般应避免使用。当采用低碱水泥或掺粉煤灰时,碱骨料反应受到抑制,经试验证明对混凝土不致产生有害影响时,也可选用。当主体工程开挖渣料数量较多,且质量符合要求时,应尽量予以利用。它不仅可以降低人工骨料成本,还可节省运渣费用,减少堆渣用地和环境污染。

(二)天然砂石料开采

20世纪50年代至60年代,混凝土骨料以天然砂石料为主,如三门峡、新安江、丹江口、刘家峡等工程。70年代至80年代兴建的葛洲坝、铜街子、龙羊峡、李家峡等大型水电站和90年代兴建的黄河小浪底水利枢纽,也都采用天然砂石骨料。葛洲坝一期、二期工程砂石骨料生产系统月生产49.5万 m^3,年产395万 m^3,生产总量达2600万 m^3。

按照砂石料场开采条件,可分为水下和陆上开采两类。20世纪50年代至60年代中期,水下开采砂石料多使用120 m^3/h、链斗式采砂船和50～60 m^3容量的砂驳配套采运,也有用窄轨矿车配套采运的。20世纪70年代后,葛洲坝工程先后采用了生产能力更大的250 m^3/h和750 m^3/h的链斗式采砂船,250型采砂船枯水期最大日产5220 m^3。750型采砂船枯水期最大日产达13458 m^3,中水期达11537 m^3,水面下正常挖深16 m,最大挖深20 m。两艘船平均日产可达1.5万～1.6万 m^3。水口工程砂石料场含砂率偏高,在采砂船链斗转料点装设筛分机,筛除部分砂子,减少毛料运输。

(三)人工骨料采石场

我国西南、中南一些地区缺少天然砂石料资源,20世纪50年代修建的狮子滩、上犹江、流溪河等工程,都曾建人工碎石系统。60年代,映秀湾工程采用棒磨制砂。70年代,乌江渡采用规模较大的人工砂石料生产系统,生产的人工砂石骨料质优价廉。借鉴乌江渡的经验,80年代后,广西岩滩、云南漫湾、贵州东风、湖南五强溪、湖北隔河岩、四川宝珠寺等大型水电站工程相继采用人工砂石骨料,并取得了较好的社会经济效益。五强溪工程在采用强磨蚀性石英砂岩生产人工骨料方面有了新的突破。

工程实践证明,由于新鲜灰岩具有较好的强度和变形性能,且便于开采和加工,被公认为最佳的骨料料源;其次为正长岩、玄武岩、花岗岩和砂岩;流纹岩、石英砂岩和石英岩因硬度较高,虽也可做料源,但加工困难并加大生产成本。有些工程还利用主体工程开挖料作为骨料料源。

人工骨料料源有时在含泥量上超标,需在加工工艺流程中设法解决。如乌江渡工程,因含泥量偏大,并存在黏土结团颗粒,在加工系统中设置了洗衣机,效果良好,含泥量从3%降到1%以下。湖南江垭工程则在一破单元中专设筛子剔除泥块。

少数水电工程由于对料源的勘探深度未达到要求,在开工之后曾发生料场不符合要求的情况。如漫湾水电站的田坝沟流纹岩石料场,在开挖后地发现1号和2号山头剥离量过大,不得不将其放弃,改以3号山头作为采区。

二滩工程混凝土骨料用正长岩生产砂石料,采石场位于大坝上游左岸金龙沟,规划开采总量470万 m^3。开采梯段高度12.5 m,用6台液压履带钻车钻孔,使用微差挤压爆破技术,使石料块度适宜,1.6 m以上的大块率可控制在5%~8%。平均单位耗药量0.5~0.6 kg/ m^3。石料用2台推土机和1台装载机配合4辆30 t自卸车运至集料平台,向破碎机供料,或用自卸车直接向旋回破碎机供料。采石场开采后形成高255 m的边坡,按照边坡长期稳定和环保要求,采用钢丝网喷混凝土和预应力锚索等综合支护措施。采石场实际月生产能力可达20万 m^3 以上。

随着大型高效、耐用的骨料加工机械的发展以及管理水平的提高,人工骨料的成本接近甚至低于天然骨料。采用人工骨料尚有许多天然骨料生产不具备的优点,如级配可按需调整,质量稳定,管理相对集中,受自然因素影响小,有利于均衡生产,减少设备用量,减少堆料场地,同时尚可利用有效开挖料。因此,采用人工骨料或用机械加工骨料搭配的工程越来越多,在实践中取得了明显的技术经济效果。

二、骨料开采与加工

骨料的加工主要是对天然骨料进行筛选分级,人工骨料需要通过破碎、筛分加工等。

(一)基础处理

对砂砾地基应清除杂物,整平基础面;对于岩基,一般要求清除到质地坚硬的新鲜岩面,然后进行整修。整修是用铁锹等工具去掉表面松软岩石、棱角和反坡,并用高压水进行冲洗,压缩空气吹扫。当有地下水时,要认真处理,否则会影响混凝土的质量。常见的处理方法为做截水墙拦截渗水,引入集水井一并排出。

对基岩进行必要的固结灌浆,以封堵裂缝、阻止渗水;沿周边打排水孔,导出地下水,在浇筑混凝土时埋管,用水泵排出孔内积水,直至混凝土初凝,7天后灌浆封孔;将底层砂浆和混凝土的水灰比适当降低。

(二)仓面准备

浇筑仓面的准备工作,包括机具设备、劳动组合、材料的准备等,应事先安排就绪。仓面施工的脚手架应检查是否牢固,电源开关、动力线路是否符合安全规定;照明、风水电供应、所需混凝土及工作平台、安全网、安全标志等是否准备就绪。地基或施工缝处理完毕并养护一定时间后,在仓面进行放线,安装模板、钢筋和预埋件。

(三)模板、钢筋及预埋件检查

当已浇好的混凝土强度达到2.5 MPa后,可进行脚手架架设等作业。开仓浇筑前,必须按照设计图样和施工规范的要求,对以下三个方面内容进行检查,签发合格证。

(1)模板检查。主要检查模板的架立位置与尺寸是否准确,模板及其支架是否牢固、稳定,固定模板用的拉条是否发生弯曲等。模板板面要求洁净、密封并涂刷脱模剂。

(2)钢筋检查。主要检查钢筋的数量、规格、间距、保护层、接头位置及搭接长度是否符合设计要求。要求焊接或绑扎接头必须牢固,安装后的钢筋网骨架应有足够的刚度和稳定性,钢筋表面应清洁。

(3)预埋件检查。主要是对预埋管道、止水片、止浆片等进行检查。主要检查其数量、安装位置和牢固程度。

三、混凝土拌制

混凝土拌制,是按照混凝土配合比设计要求,将其各组成材料(砂石、水泥、水、外加剂及掺合料等)拌和成均匀的混凝土料,以满足浇筑的需要。

混凝土制备的过程包括储料、供料、配料和拌和。其中配料和拌和是主要生产环节,也是质量控制的关键,要求品种无误、配料准确、拌和充分。

(一)混凝土配料

配料是按设计要求,称量每次拌和混凝土的材料用量。配料的精度直接影响混凝土质量。混凝土配料要求采用重量配料法,即将砂、石、水泥、掺和料按重量计量,水和外加剂溶液按重量折算成体积计算。施工规范对配料精度(按重量百分比计)的要求是:水泥、掺合料、水、外加剂溶液为1%,砂石料为2%。

设计配合比中的加水量根据水灰比计算确定,并以饱和面干状态的砂子为标准。由于水灰比对混凝土强度和耐久性影响极为重大,绝对不能任意变更。施工采用的砂子,其含水量又往往较高,在配料时采用的加水量,应扣除砂子表面含水量及外加剂中的水量。

1.给料设备

给料是将混凝土各组分从料仓按要求供到称料料斗。给料设备的工作机构常与称量设备相连,当需要给料时,控制电路开通,进行给料。当计量达到要求时,即断电停止给料。常用的给料设备有皮带给料机、电磁振动给料机、叶轮给料机和螺旋给料机。

2.混凝土称量

混凝土配料称量的设备有简易称量(地磅)、电动磅秤、自动配料杠杆秤、电子秤、配水箱及定量水表。

（1）简易称量。当混凝土拌制量不大，可采用简易称量方式。地磅称量，是将地磅安装在地槽内，用手推车装运材料推到地磅上进行称量。这种方法最简便，但称量速度较慢。台秤称量需配置称料斗、储料斗等辅助设备。称料斗安装在台秤上，骨料能由储料斗迅速落入，故称量时间较快，但储料斗承受骨料的重量大，结构较复杂。贮料斗的进料可采用皮带机，卷扬机等提升设备。

（2）自动配料杠杆秤。自动配料杠杆秤带有配料装置和自动控制装置。自动化水平高，可作砂、石的称量，精度较高。

（3）电子秤。电子秤是通过传感器承受材料重力拉伸，输出电信号在标尺上指出荷重的大小，当指针与预先给定数据的电接触点接通时，即断电停止给料，同时继电器动作，称料斗斗门打开向集料斗供料，其称量更加准确，精度可达99.5%。

（4）配水箱及定量水表。水和外加剂溶液可用配水箱和定量水表计量。配水箱是搅拌机的附属设备，可利用配水箱的浮球刻度尺控制水或外加剂溶液的投放量。定量水表常用于大型搅拌楼，使用时将指针拨至每盘搅拌用水量刻度上，按电钮即可送水，指针也随进水量回移，至零位时电磁阀即断开停水。此后，指针能自动复位至设定的位置。

称量设备一般要求精度较高，而其所处的环境粉尘较大，因此应经常检查调整，及时清除粉尘。一般要求每班检查一次称量精度。

（二）混凝土拌和

混凝土拌和的方法，有人工拌和机械拌和两种。

1.人工拌和

人工拌和是在一块钢板上进行，先倒入砂子，后倒入水泥，用铁铲反复干拌至少三遍，直至颜色均匀。然后在中间扒一个坑，倒入石子和2/3的定量水，翻拌1遍。再进行翻拌（至少2遍），其余1/3的定量水随拌随洒，拌至颜色一致，石子全部被砂浆包裹，石子与砂浆没有分离、泌水与不均匀现象为止。人工拌和劳动强度大、混凝土质量不容易保证，拌和时不得任意加水。人工拌和只适宜于施工条件困难、工作量小，强度不高的混凝土施工。

2.机械拌和

用拌和机拌和混凝土的方式应用较为广泛，能提高拌和质量和生产率。拌和机械有自落式和强制式两种。自落式分为锥形反转出料和锥形倾翻出料，强制式分为涡浆式、行星式、单卧轴式和双卧轴式。

（1）混凝土搅拌机

①自落式混凝土搅拌机是通过筒身旋转，带动搅拌叶片将物料提高，在重力作用下物料自由坠下，反复进行，互相穿插、翻拌、混合使混凝土各组分搅拌均匀的。

锥形反转出料搅拌机是中、小型建筑工程常用的一种搅拌机,其正转搅拌,反转出料。由于搅拌叶片呈正、反向交叉布置,拌和料一方面被提升后靠自落进行搅拌,另一方面又被迫沿轴向作左右窜动,搅拌作用强烈。锥形反转出料搅拌机主要由上料装置搅拌筒、传动机构、配水系统和电气控制系统等组成。当混合料拌好以后,可通过按钮直接改变搅拌筒的旋转方向,拌和料即可经出料叶片排出。

双锥形倾翻出料搅拌机进出料在同一口,出料时由气动倾翻装置使搅拌筒下旋50°~60°,即可将物料卸出。双锥形倾翻出料搅拌机卸料迅速,拌筒容积利用系数高,拌和物的提升速度低,物料在拌筒内靠滚动自落而搅拌均匀,能耗低,磨损小,能搅拌大粒轻骨料混凝土。主要用于大体积混凝土工程。

②强制式混凝土搅拌机一般筒身固定,搅拌机片旋转,对物料施加剪切、挤压、翻滚、滑动、混合使混凝土各组分搅拌均匀。

立轴强制式搅拌机是在圆盘搅拌筒中装一根回转轴,轴上装的拌和铲和刮板,随轴一同旋转。它用旋转着的叶片,将装在搅拌筒内的物料强行搅拌使之均匀。涡桨强制式搅拌机由动力传动系统、上料和卸料装置、搅拌系统、操纵机构和机架等组成。

单卧轴强制式混凝土搅拌机的搅拌轴上装有两组叶片,两组推料方向相反,使物料既有圆周方向运动,也有轴向运动,因而能形成强烈的物料对流,使混合料能在较短的时间内搅拌均匀。它由搅拌系统、进料系统、卸料系统和供水系统等组成。

此外,还有双卧轴式搅拌机。

(2)混凝土搅拌机的使用

在混凝土搅拌机使用时应注意如下操作要点。

①进料时应注意:防止砂、石落入运转机构;进料容量不得超载;进料时避免先倒入水泥,减少水泥黏结搅拌筒内壁。

②运行时应注意:运行声响,如有异常,应立即检查;运行中经常检查紧固件及搅拌叶,防止松动或变形。

③安全方面应注意:上料斗升降区严禁任何人通过或停留;检修或清理该场地时,用链条或锁门将上料斗扣牢;进料手柄在非工作时或工作人员暂时离开时,必须用保险环扣紧;出料时操作人员应手不离开操作手柄,防止手柄自动回弹伤人(强制式机更要重视);上料前,应将出料手柄用安全钩扣牢,方可上料搅拌;停机下班,应将电源拉断,关好开关箱;冬季施工下班,应将水箱、管道内的存水排清。

④停电或机械故障时应注意:对于快硬、早强、高强混凝土应及时将机内拌和物掏净;普通混凝土,在停拌45 min内将拌和物掏净;缓凝混凝土,根据缓凝时间,在初凝前将拌和物掏净;掏料时,应将电源拉断,防止突然来电。

此外,还应注意混凝土搅拌机运输安全,安装稳固。

四、混凝土运输与施工

(一)水平运输设备

通常混凝土的水平运输有轨运输和无轨运输两种,前者一般用轨距为 762 mm 或 1000 mm 的窄轨机车拖运平台车完成,平台车上除放 3～4 个盛料的混凝土罐外,还应留一放空罐的位置,以便卸料后起吊设备可以放置空罐。

放置在平车上的混凝土盛料容器常用立罐。罐壳为钢制品,装料口大,出料口小,并设弧门控制,用人力或压气启闭。立罐容积有 1 m³、3 m³、6 m³、9 m³ 几种,容量大小应与拌和机及起重机的能力相匹配。如 3 m³ 罐为 1.7t,盛料 3 m³ 约 8 t,共约 10 t,可与 1000 L、1500 L、3000 L 的拌和机和 10 t 的起重机匹配。6 m³ 罐则与 20 t 起重机匹配。

为了方便卸料,可在罐的底部附设振动器,利用振动作用使塑性混凝土料顺利下落。立罐多用平台车运输,也有将汽车改装后载运立罐的,这样运输较为机动灵活。

汽车运输有用自卸车直接盛混凝土,运送并卸入与起重机不脱钩的卧罐内,再将卧罐吊运入仓卸料;也有将卧罐直接放在车厢内到拌和楼装料后运至浇筑仓前,再由起重机吊入仓内。尽管汽车运输比较机动灵活,但成本较高,混凝土容易漏浆和分离,特别是当道路不平整时,其质量难以保证。故通常仅用于建筑物基础部位,分散工程,或机车运输难于达到的部位,作为一种辅助运输方式。

综上可见,大量混凝土的水平运输以有轨机车拖运装载料罐的平板车更普遍。若地形陡峭,拌和楼布置于一岸,则轨路一般按进退式铺设,即列车往返采用进退出入;若运输量较大,则采用双轨,以保证运输畅通无阻;若地形较开阔,可铺设环行线路,效率较高;若拌和楼两岸布置,采用穿梭式轨路,则运输效率更高。有轨运输,当运距 1～1.5 km,列车正常循环时间约 1 h,包括料罐脱钩、挂钩、吊运、卸料、空回多次往复时间。视运距长短,每台起重机可配置 2～4 辆列车。铁路应经常检查维修,保持行驶平稳、安全,有利于减轻运送混凝土的泌水和分离。

(二)垂直运输设备

1.门式起重机

门式起重机又称门机,它的机身下部有一门架,可供运输车辆通行,这样便可使起重机和运输车辆在同一高程上行驶。它运行灵活,操纵方便,可起吊物料作径向和环向移动,定位准确,工作效率较高。门机的起重臂可上扬收拢,便于在较拥挤狭窄的工作面上与相邻门机共浇一仓,有利于提高浇筑速度。国内常用的 10/20 t 门机,最大起重幅度 40/20 m,轨上起重高度 30 m,轨下下放深度 35 m。为了增大起重机的工作空间,国内新产 20/60 t 和 10/30 t 的高架门机,其轨上高度可达 70 m,既有利于高坝施工,减少栈桥层次和高度,也适宜于中低坝降低或取消起重机行驶的工作栈桥。

2.塔式起重机

塔式起重机又称塔机或塔吊。为了增加起吊高度,可在移动的门架上加设高达数十米的钢塔。其起重臂可铰接于钢塔顶,能仰俯,也有臂固定,由起重小车在臂的轨道上行驶,完成水平运动,以改变其起重幅度。塔机的工作空间比门机大,由于机身高,其稳定灵活性较门机差。在行驶轮旁设有夹具,工作时夹具夹住钢轨保持稳定。当有6级以上大风,必须停止行驶工作。因塔顶是借助钢丝绳的索引旋转,故其只能向一个方向旋转180°或360°后再反向旋转,而门机可随意旋转故相邻塔机运行的安全距离要求较严。对10/25 t塔机而言,起重机相向运行,相邻的中心距不小于85~87m;当起重臂与平衡重相向时,不小于58~62 m;当平衡重相向时,不小于34 m。若分高程布置塔机,则可使相近塔机在近距离同时运行。由于塔机运行的灵活性较门机差,其起重能力、生产率都较门机低。

为了扩大工作范围,门机和塔机多安设在栈桥上。栈桥桥墩可以是与坝体结合的钢筋混凝土结构,也可以是下部为与坝体结合的钢筋混凝土,上部是可拆除回收的钢架结构。桥面结构多用工具式钢架,跨度20~40 m,上铺枕木、轨道和桥面板。桥面中部为运输轨道,两侧为起重机轨道。

3.缆式起重机

平移式缆索起重机有首尾两个可移动的钢塔架。在首尾塔架顶部凌空架设承重缆索。行驶于承重索上的起重小车靠牵引索牵引移动,另用起重索起吊重物。机房和操纵室均设在首塔内,用工业电视监控操纵。尾塔固定,首塔沿弧形轨道移动者,称为辐射式缆机;两端固定者,称为固定式缆机,俗称"走线"。固定式缆机工作控制面积为一矩形,辐射式缆机控制面积为一扇形。固定式缆机运行灵活,控制面积大,但设备投资、基建工程量、能源消耗和运行费用都大于后者。辐射式缆机的优缺点恰好与之相反。

4.履带式起重机

将履带式挖掘机的工作机构改装,即成为履带式起重机。若将3 m³挖掘机改装,当起重20 t,起重幅度18 m时,相应起吊高度23 m;当要求起重幅度达28 m时,起重高度13 m,相应起重量为12 t。这种起重机起吊高度不大,但机动灵活,常与自卸汽车配合浇筑混凝土墩、墙或基础、护坦、护坡等。

5.塔带机

早在20世纪20年代塔带机就用于混凝土运输,由于用塔带机输送,混凝土易产生分离和砂浆损失,因而影响了它的推广应用。

近些年来,国外一些厂商研制开发了各种专用的混凝土塔带机,从以下三个方面来满足运输混凝土的要求。

(1)提高整机和零部件的可靠性。

（2）力求设备轻型化，整套设备组装方便、移动灵活、适应性强。

（3）配置保证混凝土质量的专用设备。

墨西哥惠特斯大坝第一次成功地用3台罗泰克（ROTEC）塔带机为主要设备浇筑混凝土，用2年多时间浇筑了280万 m³混凝土，高峰年浇筑混凝土达210万 m³，高峰月浇筑强度达24.8万 m³，创造了混凝土筑坝技术的新纪录。长江三峡工程用6台塔（顶）带机，1999—2000年共浇筑了330万 m³混凝土，单台最高月产量5.1万 m³，最高日产量3270 m³。塔带机是集水平运输和垂直运输于一体，将塔机和带式输送机有机结合的专用皮带机，要求混凝土拌和、水平供料、垂直运输及仓面作业一条龙配套，以提高效率。塔带机布置在坝内，要求大坝坝基开挖完成后快速进行塔带机系统的安装、调试和运行，使其尽早投入正常生产。输送系统直接从拌和厂受料，拌和机兼做给料机，全线自动连续作业。机身可沿立柱自升，施工中无须搬迁，不必修建多层、多条上坝公路，汽车可不出仓面。在简化施工设施、节省运输费用、提高浇筑速度、保证仓面清洁等方面，充分反映了这种浇筑方式的优越性。

塔带机一般为固定式，专用皮带机也有移动式的，移动式又有轮胎式和履带式两种，以轮胎式应用较广，最大皮带长度为32～61 m，以CC200型胎带机为目前最大规格，布料幅度达61 m，浇筑范围50～60 m，一般较大的浇筑块可用一台胎带机控制整个浇筑仓面。

塔带机是一种新型混凝土浇筑运输设备，它具有连续浇筑、生产率高、运行灵活等明显优势。随着胶带机运输浇筑系统的不断完善，在未来大坝混凝土施工中将会获得更加广泛的应用。

6.混凝土泵

混凝土泵可进行水平运输和垂直运输，能将混凝土输送到难以浇筑的部位，运输过程中新拌混凝土受到周围环境因素的影响较小，运输浇筑的辅助设施及劳力消耗较少，是具有相当优越性的运输浇筑设备。然而，由于它对于混凝土坍落度和最大骨料粒径有比较严格的要求，限制了它在大坝施工中的应用。

（三）混凝土施工准备

混凝土施工准备工作的主要项目有基础处理、施工缝处理、设置卸料入仓的辅助设备、模板、钢筋的架设、预埋件及观测设备的埋设、施工人员的组织、浇筑设备及其辅助设施的布置、浇筑前的检查验收等。

1.基础处理

土基应先将开挖基础时预留下来的保护层挖除，并清除杂物，然后用碎石垫底，盖上湿砂，再压实，浇8～12 cm厚素混凝土垫层。砂砾地基应清除杂物，整平基础面，并浇筑10～20 cm厚素混凝土垫层。

对于岩基，一般要求清除到质地坚硬的新鲜岩面，然后进行整修。整修是用铁锹等工具去掉表面松软岩石、棱角和反坡,并用高压水冲洗,压缩空气吹扫。若岩面上有油污、灰浆及其黏结的杂物,还应采用钢丝刷反复刷洗,直至岩面清洁。清洗后的岩基在混凝土浇筑前应保持洁净和湿润。

2.施工缝处理

施工缝是指浇筑块之间新老混凝土之间的结合面。为了保证建筑物的整体性,在新混凝土浇筑前,必须将老混凝土表面的水泥膜(又称乳皮)清除干净,并使其表面新鲜整洁、有石子半露的麻面,以利于新老混凝土的紧密结合。施工缝的处理方法包括以下几种。

(1)风砂水枪喷毛。将经过筛选的粗砂和水装入密封的砂箱,并通入压缩空气。高压空气混合水砂,经喷枪喷出,把混凝土表面喷毛。一般在混凝土浇后24～48 h开始喷毛,视气温和混凝土强度增长情况而定。如能在混凝土表层喷洒缓凝剂,则可减少喷毛的难度。

(2)高压水冲毛。在混凝土凝结后但尚未完全硬化以前,用高压水(压力0.1～0.25 MPa)冲刷混凝土表面,形成毛面,对龄期稍长的可用压力更高的水(压力0.4～0.6 MPa),有时配以钢丝刷刷毛。高压水冲毛关键是掌握冲毛时机,过早会使混凝土表面松散和冲去表面混凝土;过迟则混凝土变硬,不仅增加工作困难,而且不能保证质量。一般春秋季节,在浇筑完毕后10～16 h开始;夏季掌握在6～10 h;冬季则在18～24 h后进行。如在新浇混凝土表面洒刷缓凝剂,则延长冲毛时间。

(3)刷毛机刷毛。在大而平坦的仓面上,可用刷毛机刷毛,它装有旋转的粗钢丝刷和吸收浮渣的装置,利用粗钢丝刷的旋转刷毛并利用吸渣装置吸收浮渣。喷毛、冲毛和刷毛适用于尚未完全凝固混凝土水平缝面的处理。全部处理完后,需用高压水清洗干净,要求缝面无尘无渣,然后再盖上麻袋或草袋进行养护。

(4)风镐凿毛或人工凿毛。已经凝固的混凝土利用风镐凿毛或石工工具凿毛,凿深1～2 cm,然后用压力水冲净。凿毛多用于垂直缝仓面清扫。应在即将浇筑前进行,以清除施工缝上的垃圾、浮渣和灰尘,并用压力水冲洗干净。

(四)混凝土浇筑方式确定

1.混凝土坝分缝分块原则

混凝土坝施工,由于受到温度应力与混凝土浇筑能力的限制,不可能使整个坝段连续不断地一次浇筑完毕。因此,需要用垂直于坝轴线的横缝和平行于坝轴线的纵缝以及水平缝,将坝体划分为许多浇筑块进行浇筑。

(1)根据结构特点、形状及应力情况进行分层分块,避免在应力集中、结构薄弱部位分缝。

(2)采用错缝分块时,必须采取措施防止竖直施工缝张开后向上、向下继续延伸。

(3)分层厚度应根据结构特点和温度控制要求确定。基础约束区一般为1～2 m,

约束区以上可适当加厚;墩墙侧面可散热,分层也可厚些。

(4)应根据混凝土的浇筑能力和温度控制要求确定分块面积的大小。块体的长宽比不宜过大,一般以小于2.5:1为宜。

(5)分层分块均应考虑施工方便。

2.混凝土坝的分缝分块形式

混凝土坝的浇筑块是用垂直于坝轴线的横缝和平行于坝轴线的纵缝以及水平缝划分的。分缝方式有垂直纵缝法、错缝法、斜缝法、通仓浇筑法等。

(1)垂直纵缝法

用垂直纵缝把坝段分成独立的柱状体,因此又叫柱状分块。它的优点是温度控制容易,混凝土浇筑工艺较简单,各柱状块可分别上升,彼此干扰小,施工安排灵活,但为保证坝体的整体性,必须进行接缝灌浆。它的缺点是模板工作量大,施工复杂。纵缝间距一般为20~40 m,以便降温后接缝有一定的张开度,便于接缝灌浆。

为了传递剪应力的需要,在纵缝面上设置键槽,并需要在坝体到达稳定温度后进行接缝灌浆,以增加其传递剪应力的能力,提高坝体的整体性和刚度。

(2)错缝法

错缝法又称砌砖法。分块时将块间纵缝错开,互不贯通,故坝的整体性好,进行纵缝灌浆。但由于浇筑块互相搭接,施工干扰很大,施工进度较慢,同时在纵缝上、下端因应力集中容易开裂。

(3)斜缝法

斜缝一般沿平行于坝体第二主应力方向设置,缝面剪应力很小,只要设置缝面键槽不必进行接缝灌浆,斜缝法往往是为了便于坝内埋管的安装,或利用斜缝形成临时挡洪面采用的。但斜缝法施工干扰大,斜缝顶并缝处容易产生应力集中,斜缝前后浇筑块的高差和温差需严格控制,否则会产生很大的温度应力。

(4)通缝法

通缝法即通仓浇筑法,它不设纵缝,混凝土浇筑按整个坝段分层进行,一般不需要埋设冷却水管。同时由于浇筑仓面大,便于大规模机械化施工,简化了施工程序,特别是大大减少了模板工作量,施工速度快。但因其浇筑块长度大,容易产生温度裂缝,所以温度控制要求比较严格。

五、混凝土特殊季节施工

(一)混凝土冬季施工

1.混凝土冬季施工的一般要求

现行施工规范规定:寒冷地区的日平均气温稳定在5℃以下或最低气温稳定在3℃以下时,温和地区的日平均气温稳定在3℃以下时,均属于低温季节,这就需要采取相应的防寒保温措施,避免混凝土受到冻害。

混凝土在低温条件下,水化凝固速度大为降低,强度增长受到阻碍。当气温在−2℃时,混凝土内部水分结冰,不仅水化作用完全停止,而且结冰后由于水的体积膨胀,使混凝土结构受到损害,当冰融化后,水化作用虽将恢复,混凝土强度也可继续增长,但最终强度必然降低。试验表明,混凝土受冻越早,最终强度降低越大。如在浇筑后3~6 h受冻,最终强度至少降低50%;如在浇筑后2~3 d受冻,最终强度降低只有15%~20%。如混凝土强度达到设计强度的50%以上(在常温下养护3~5 d)时再受冻,最终强度则降低极小,甚至不受影响,因此,低温季节混凝土施工,首先要防止混凝土早期受冻。

2.冬季施工措施

低温季节混凝土施工可以采用人工加热、保温蓄热及加速凝固等措施,使混凝土入仓浇筑温度不低于5℃;同时保证混凝土浇筑后的正温养护条件,使其在未达到允许受冻临界强度以前不遭受冻结。

(1)调整配合比和掺外加剂

对非大体积混凝土,采用发热量较高的快凝水泥。提高混凝土的配制强度。掺早强剂或早强型减水剂。其中氯盐的掺量应按有关规定严格控制,并不适应于钢筋混凝土结构。采用较低的水灰比。掺加气剂可减缓混凝土冻结时在其内部水结冰时产生的静水压力,从而提高混凝土的早期抗冻性能。但含气量应限制在3%~5%。因为,混凝土中含气量每增加1%,会使强度损失5%,为弥补加气剂引致的强度损失,最好与减水剂并用。

(2)原材料加热法

当日平均气温为−5~−2℃时,应加热水拌和;当气温再低时,可考虑加热骨料。水泥不能加热,但应保持正温。

水的加热温度不能超过80℃,并且要先将水和骨料拌和后,这时水不超过60℃,以免水泥产生假凝。所谓假凝是指拌和水温超过60℃时,水泥颗粒表面将会形成一层薄的硬壳,使混凝土和易性变差,而后期强度降低的现象。砂石加热的最高温度不能超过100℃,平均温度不宜超过65℃,并力求加热均匀。对大中型工程,常用蒸汽直接加热骨料,即直接将蒸汽通过需要加热的砂、石料堆中,料堆表面用帆布盖好,防止热量损失。

(3)蓄热法

蓄热法是将浇筑好的混凝土在养护期间用保温材料加以覆盖,尽可能把混凝土在浇筑时所包含的热量和凝固过程中产生的水化热蓄积起来,以延缓混凝土的冷却速度,使混凝土在达到抗冰冻强度以前,始终保持正温。

(4)加热养护法

当采用蓄热法不能满足要求时可以采用加热养护法,即利用外部热源对混凝土加热养护,包括暖棚法、蒸汽加热法和电热法等。大体积混凝土多采用暖棚法,蒸汽加热法多用于混凝土预制构件的养护。

①暖棚法。即在混凝土结构周围用保温材料搭成暖棚,在棚内安设热风机、蒸汽排管、电炉或火炉进行采暖,使棚内温度保持在15~20℃,保证混凝土浇筑和养护处于正温条件下。暖棚法费用较高,但暖棚为混凝土硬化和施工人员的工作创造了良好的条件。此法适用于寒冷地区的混凝土施工。

②蒸汽加热法。利用蒸汽加热养护混凝土,不仅使新浇混凝土得到较高的温度,而且还可以得到足够的湿度,促进水化凝固作用,使混凝土强度迅速增长。

③电热法。是用钢筋或薄铁片作为电极,插入混凝土内部或贴附于混凝土表面,利用新浇混凝土的导电性和电阻大的特点,通过50~100 V的低压电,直接对混凝土加热,使其尽快达到抗冻强度。由于耗电量大,大体积混凝土较少采用。

上述几种施工措施,在严寒地区往往同时采用,并要求在拌和、运输、浇筑过程中,尽量减少热量损失。

3.冬季施工注意事项

(1)砂石骨料宜在进入低温季节前筛洗完毕。成品料堆应有足够的储备和堆高,并进行覆盖,以防冰雪和冻结。

(2)拌和混凝土前,应用热水或蒸汽冲洗搅拌机,并将水或冰排除。

(3)混凝土的拌和时间应比常温季节适当延长。延长时间应通过试验确定。

(4)在岩石地基或老混凝土面上浇筑混凝土前,应检查其温度。如为负温,应将其加热成正温。加热深度不小于10 cm,并经验证合格方可浇筑混凝土。仓面清理宜采用喷洒温水配合热风枪,寒冷期间也可采用蒸汽枪,不宜采用水枪或风水枪。在软基上浇筑第一层混凝土时,必须防止与地基接触的混凝土遭受冻害和地基受冻变形。

(5)混凝土搅拌机应设在搅拌棚内并设有采暖设备,棚内温度应高于5℃。混凝土运输容器应有保温装置。

(6)浇筑混凝土前和浇筑过程中,应注意清除钢筋、模板和浇筑设施上附着的冰雪和冻块,严禁将雪冻块带入仓内。

(7)在低温季节施工的模板,一般在整个低温期间都不宜拆除。如果需要拆除,要求:①混凝土强度必须大于允许受冻的临界强度。②具体拆模时间,应满足温控防裂要求,当预计拆模后混凝土表面降温可能超过6~9℃时,应推迟拆模时间,如必须拆模时,应在拆模后采取保护措施。

(8)低温季节施工期间,应特别注意温度检查。

(二)混凝土夏季施工

在混凝土凝结过程中,水泥水化作用进行的速度与环境温度成正比。当温度超过32℃时,水泥的水化作用加剧,混凝土内部温度急剧上升,等到混凝土冷却收缩时,混凝土就可能产生裂缝。前后的温差越大,裂缝产生的可能性就越大。对于大体积混凝土的施工,夏季降温措施尤为重要。

为了降低夏季混凝土施工时的温度,可以采取以下措施。

(1)采用发热量低的水泥,并加掺和料和减水剂,以降低水泥用量。

(2)采用地下水或人造冰水拌制混凝土,或直接在拌和水中加入碎冰块以代替一部分水,但要保证碎冰块能在拌和过程中全部融化。

(3)用冷水或冷风预冷骨料。

(4)在拌和站、运输道路和浇筑仓面上搭设凉棚,遮阳防晒,对运输工具可用湿麻袋覆盖,也可在仓面不断喷雾降温。

(5)加强洒水养护,延长养护时间。

(6)气温过高时,浇筑工作可安排在夜间进行。

第四章 水利工程施工管理的主要内容

水利工程施工管理是保障水利工程施工质量和效能的客观因素,明确水利工程施工管理的主要内容并加强管理,对于优化施工工序、提高施工材料的配置和利用效率,以及确保水利工程的经济效益和社会效益,都具有显著作用。本章将详细讲解水利工程施工管理的主要内容。

第一节 技术管理

一、图纸会审

图纸会审顾名思义就是在收到设计图和设计文件后,召集各参建单位(建设单位、监理单位、施工单位)有关技术和管理人员,对准备施工的项目设计图纸等设计资料进行集中、全面、细致的熟悉,审查出施工图中存在的问题及不合理情况,并将有关问题和情况提交设计单位进行处理或调整的活动。简言之,图纸会审是指工程各参建单位在收到设计单位图纸后,组织有关人员对图纸进行全面细致的熟悉、审查,找出图纸中存在的问题和不合理情况,经整理并提交设计单位处理的活动。图纸会审一般由建设单位负责组织并记录,会审的目的是使各参建单位特别是施工单位熟悉设计图纸,领会设计意图,了解工程施工的特点及难点,查找需要解决的技术难点并据此制定解决方案,达到将设计缺陷及时掌握并解决的目的。就施工单位的技术和管理人员而言,审查的目的不外乎以下四点。

一是让技术人员通过图纸审查熟悉设计图纸,解决不明白的地方,使各类专业技术人员首先在技术上做到心中有数,为以后在实际工作中如何按图施工创造条件并提前做好各自相应的技术准备,同时,通过图纸会审使土建、电气、机械、金属结构和自动化等各专业有关技术如何进行配合有一个初步方案。

二是集中商讨设计中体现的该项目技术重点和难点。每一个施工项目都有其技术重点和难点,事先对该项目的重点和难点进行共同商讨,使主要专业技术和管理人员心中统一重点和难点目标,有利于这些重点和难点问题的解决。

三是通过图纸会审查找设计上的不足和差错。任何设计尤其是一些复杂项目的设计都不可能是尽善尽美的，或多或少存在一些不足甚至错误，尤其现在有不少设计人员几乎是大学毕业后就进了设计部门，根本没有施工经验，纸上谈兵的设计经常出现，给施工人员带来很大麻烦甚至无法施工，这就要求施工单位凭借施工经验，通过图纸会审程序，查找图纸中的毛病和欠缺，以此弥补设计人员考虑不周的地方，使设计更完善和合理。

四是通过图纸会审及时考虑和安排如何满足设计要求的施工实施方案，为以后的顺利施工奠定基础。

图纸会审工作是一个仔细的审查工作程序，对较大或较复杂的项目，应该由企业总工程师和技术职能部门负责组织项目部有关专业技术人员和主要管理人员共同参加审查，有的企业还邀请主要设计人员共同参加，一般项目应该由项目总工程师带队，召集项目部有关各类专业技术人员和主要管理人员并邀请企业技术主管部门人员参加审查。这项工作在以前的大中型正规企业中开展得都比较好，但现在的施工企业往往不重视图纸会审甚至干脆不进行这项工作，所有问题都集中在进场后，边干边考虑和解决，实际上这是不妥的，很容易给项目的技术管理工作带来麻烦甚至损失，望企业管理者尤其是企业总工程师和企业技术主管部门，督促各项目部和分公司等，重视图纸会审工作，坚持图纸会审程序，并尽可能地做通企业主要负责人的工作，使其重视图纸审查工作，将图纸审查作为每个项目必须进行的主要程序之一，把应该前期解决的问题真正解决在前期准备工作中，避免或减少以后的麻烦甚至损失。同时，希望建设单位采取相应措施，高度重视并积极组织图纸会审工作，把该项工作作为一项重要事项抓好落实及实效。

二、技术交底

技术交底是指在某一单位工程开工前，或一个分部（分项）和重要单元工程开工前，由项目总工程师等技术主管人员，向参与该工程或工序的施工人员进行的技术方面的交代，其目的是使施工人员对工程或工序特点、技术和质量要求、施工方法及措施、安全生产及工期等有一个较详细的了解和掌握，以便于各工种或班组合理组织施工，最大限度地避免或减少质量、安全等事故的发生。各种技术交底记录应作为技术档案资料保存，是将来移交的技术资料的组成部分。

技术交底分为设计交底和施工设计交底，设计交底即设计图纸交底，一般由建设单位组织，由设计人员（各专业）向施工人员（各单位、各专业）进行的技术交底，主要交代设计功能与特点、设计意图与要求。施工设计技术交底又分为集中技术交底和阶段技术交底，集中技术交底由项目总工程师负责在进场前或进场后对参加该项目建设的各部门负责人及各专业技术人员进行项目结构、技术要求、工期、施工方案等的全面交底工作。阶段技术交底是随着项目进度情况,逐步对准备施工的部位、方案、工期、质量等逐次交底,让参加施工所有人员明白下一步要施工的部位或工艺要求,同时,对施工方案和保障措施有书面材料备案,并将施工方案和保障措施报业主及监理工程师审查,待业主和监理工程师审查并签字后按施工方案和保障措施进行监督管理。技术交底工作要和项目副经理每天安排的施工任务一起安排,先由负责项目工作调度的副经理安排一天的施工任务,接着由项目总工程师安排今天施工的任务技术,说明有什么要求和注意事项,同时,对安全生产一起布置下去,即"任务、技术、安全"三同步。以后的技术交底按此进行,这样管理人员和技术人员都熟悉了这样的程序,循序渐进即可。技术交底工作根据不同的工程项目其内容各不相同,就一般的工程项目而言,技术交底的内容主要如下。

(1)是否具备施工条件,不具备时如何解决,各工种之间的配合有无矛盾和冲突,如有矛盾或冲突如何协调。

(2)施工的范围、内容、工程量、工作量和进度要求。

(3)解读施工图纸,交代设计要求及意图,提醒完成设计要求应注意的事项。

(4)将事先编制的施工方案和技术保障措施及安全文明施工措施翔实传达。

(5)重点部位或工艺的操作要领和方法进行交代。

(6)明确工艺或工序要求,质量标准情况。

(7)施工期间自检、复检要求,监理工程师重点检查和关注情况。

(8)减少或避免浪费。增加经济指标的方法和注意事项。

(9)应进行技术记录的内容和要求。

(10)其他需要交代的注意事项。

三、现场测量

现场测量工作是技术工作的基础,也是工程开工后最先进行的业务。首先,测量人员进场前根据工程具体情况准备测量仪器并进行鉴定。其次,进场后尽早与业主或监理人员进行控制网交桩和高程点交接,交接后让交桩和交高程点的人员提供书面资料并在资料上签字,如果交接人员不能提供书面资料,测量人员需自行绘出书面资料让交接人员签字认可。然后,安排自己的人员对控制桩和高程点进行复核,并做好复核记录,如果复核后无误,书面汇报给交接人员及项目监理工程师审查并签字。控制桩和高程点的交接和审查是一件严肃和严谨的事情,任何人员均不能马虎从事,交接前由业主单位负责看管维护,交接后由施工单位负责看护,监理工程师作为中间方有责任和义务对控制桩和高程点进行监管。控制桩和高程点的准确交接和维护是确保工程项目准确实施的关键和基础,在此出现问题将是根本性的,严重者将导致整个项目废弃或不能发挥其应有的作用,造成的损失是巨大的或无法挽回的,因此,交接过程必须按规程进行,以防将来出现测量问题,据此追究有关人员的责任。测量人员对签字后的资料要妥善保管。为了保证测量工作进展顺利无误,希望各施工企业加强测量专业人员的培训和锻炼,同时跟上科技的发展,及时更新单位的测量设备,既有责任心的专业人才又有技术先进的设备,才能保证测量工作圆满顺利。

至此,测量人员根据现场具体情况布设适合施工要求的测量控制网和现场高程控制点,并将控制网、点进行必要复核并加固后,绘出控制网、点书面资料。同时,按测量规范定期对网、点进行复核和检查,如有变化随时矫正。对控制桩的布设一定要兼顾整个工程项目施工过程的方便使用,工程项目坐落在山区岩基上,施工控制桩应设在附近坚硬岩石等牢固不动的地方,用钢钎钻细微的浅孔用醒目的油漆点点并画圈示意,工程项目坐落在土基上。附近没有牢固不动的地方设点,应现场找不妨碍施工的地方挖坑用混凝土加固,加固混凝土深度 30 cm 以上,宽度约 50 cm 见方,混凝土中间插入直径 12 mm 以上,长度 20 cm 以上顶部平滑的钢筋,钢筋顶部用钢锯锯出十字线,也可以用坚硬的木质桩打入土中用混凝土将木桩加固,在桩顶嵌入铁钉。钢筋十字线交点或铁钉中心就是该控制桩的基点;对高程控制点,岩基工程应选择在坚硬的凸起岩石部位进行布设,用醒目的油漆点点并画圈示意。土基工程采用混凝土基础,并在其中插入钢筋柱,钢筋柱顶部呈半球状。所有控制桩和高程点均应编号管理,各高程点周围应详细注明其高程值。各控制桩和高程点均要设置复核或恢复桩、点,以防损坏后能及时补充。复核或恢复桩、点的设置可近可远,应根据具体情况考虑,复核或恢复桩、点既不能没有又不能过多,没有则影响正常使用,过多则容易出现混乱和差错。对现场的控制桩、点,测量人员必须根据进度和工程实施情况及时绘制书面资料并随时进行调整,对已经废弃的桩、点应及时处理掉,以免被误用导致错误。

测量人员必须随时熟悉图纸,根据图纸尺寸和高程掌握现场测量布局和高程控制,同时,测量人员必须提前一步放好下一步施工部位的控制桩和点,否则就会影响工期,在上道工序施工期间,测量人员要随时到现场观察施工部位的情况,发现桩、点不能满足要求时应及时增补,以后据此进行。

测量工作是一项细致、具体、专业性强的工作,关乎整个工程的准确就位和进度,因此,测量人员必须根据现场具体情况,将内业和外业工作进行良好结合,同时,由于施工现场随时都可能发生影响测量的情况,又必须根据新情况进行完善或弥补。如在进行内业工作时,两个桩、点之间是通视的,现场情况也是如此,但可能不知什么时间两点之间就被弃土或堆存了其他大宗材料,使外业工作不能按内业准备进行,这时测量人员必须设想补救方案进行工作。现场发生这样的情况是正常的,尤其是建筑物工程,场地狭窄或基坑较深,工人随处堆放周转材料的事情比较常见,他们也不会注意哪儿有桩、点,甚至发生直接存放在桩、点上的事情都不稀奇,并且天气等影响也会将桩、点损坏,导致不能正常使用,因此,要求测量人员发生类似情况时不能怨天尤人,应根据现场的具体情况及时补救,以此为理由就拖延测量甚至直接借此放弃的行为都是错误的,同时,为了减少或避免这类事情的发生,在设置桩、点时,应尽量考虑不占用主要场地并做好预防天气影响的工作,将设置的桩、点及时告知现场负责生产调度的负责人,使其在安排有关工作时能有的放矢从而减少对测量工作的直接影响。加强交流和沟通是减少测量工作和其他工作矛盾的基础和有效方法。

工程阶段验收和竣工验收前,测量人员一定要再次复核控制桩和高程点情况,以防发生意外。竣工后,测量人员根据第一手资料整理出该项目测量资料,报总工程师审查后,由总工报监理或业主单位人员审查。

测量工作和质检工作必须配合,互相检查互相监督,质检工作用的桩、点都是测量人员布设的,所以,测量和质检不可分,不能使用各自不同的桩、点,即施工现场只能有一套由测量人员专门布设的、兼顾测量和质检要求的统一控制桩、点,否则,测量和质检各自为政各有各的桩、点,将导致桩、点混乱,必将出现差错。

工程竣工验收并移交后,项目部测量人员应将最终使用的有效桩、点绘制详细的书面资料,交付业主单位有关技术人员,并带领业主单位技术人员现场查验各桩、点,以便业主单位将来在工程管理运行期间,对工程运行监管发挥控制和检测作用,这是施工企业对业主应尽的义务,也是项目部测量人员的职责。对交付给业主的测量桩、点必须准确无误,现场实物与书面资料一致。

第二节　质量管理

一、水利工程项目划分和施工质量检验

(一)水利工程项目划分的原则

为加强水利工程建设质量管理,保证工程施工质量,统一施工质量检验与评定方法,使施工质量检验与评定工作标准化、规范化,水利部组织有关单位对《水利水电工程施工质量评定规程(试行)》进行修订,修订后更名为《水利水电工程施工质量检验与评定规程》,有关项目名称和项目划分原则规定如下。

1.项目名称和划分原则

(1)水利工程质量检验与评定应进行项目划分。项目按级划分为单位工程、分部工程、单元(工序)工程等三级。

(2)工程中永久性房屋(管理设施用房)、专用公路、专用铁路等工程项目,可按相关行业标准划分和确定项目名称。

(3)水利工程项目划分应结合工程结构特点、施工部署及施工合同要求进行,划

分结果应有利于保证施工质量以及施工质量管理。

2.单位工程项目的划分原则

(1)枢纽工程,一般以每座独立的建筑物为一个单位工程。当工程规模大时,可将一个建筑物中具有独立施工条件的一部分划分为一个单位工程。

(2)堤防工程,按招标标段或工程结构划分单位工程。规模较大的交叉联结建筑物及管理设施以每座独立的建筑物为一个单位工程。

(3)引水(渠道)工程,按招标标段或工程结构划分单位工程。大、中型引水(渠道)建筑物以每座独立的建筑物为一个单位工程。

(4)除险加固工程,按招标标段或加固内容,并结合工程量划分单位工程。

3.分部工程项目的划分原则

(1)枢纽工程,土建部分按设计的主要组成部分划分,金属结构及启闭机安装工程和机电设备安装工程按组合功能划分。

(2)堤防工程,按长度或功能划分。

(3)引水(渠道)工程中的河(渠)道按施工部署或长度划分。大、中型建筑物按工程结构主要组成部分划分。

(4)除险加固工程,按加固内容或部位划分。

(5)同一单位工程中,各个分部工程的工程量(或投资)不宜相差太大,每个单位工程中的分部工程数目,不宜少于5个。

4.项目划分程序

(1)由项目法人组织监理、设计及施工等单位进行工程项目划分,并确定主要单位工程、主要分部工程、重要隐蔽单元工程和关键部位单元工程。项目法人在主体工程开工前应将项目划分表及说明书面报相应工程质量监督机构确认。

(2)工程质量监督机构收到项目划分书面报告后,应在14个工作日内对项目划分进行确认并将确认结果书面通知项目法人。

(3)工程实施过程中,需对单位工程、主要分部工程、重要隐蔽单元工程和关键部位单元工程的项目划分进行调整时,项目法人应重新报送工程质量监督机构确认。

项目经理或小型项目负责人应掌握项目划分的程序,了解单位工程、分部工程的划分情况;在施工过程中要及时掌握其质量等级及质量情况。

5.质量术语

(1)水利工程质量。工程满足国家和水利行业相关标准及合同约定要求的程度,在安全、功能、适用、外观及环境保护等方面的特性总和。

(2)质量检验。通过检查、量测、试验等方法,对工程质量特性进行的符合性评价。

(3)质量评定。将质量检验结果与国家和行业技术标准以及合同约定的质量标准所进行的比较活动。

(4)单位工程。具有独立发挥作用或独立施工条件的建筑物。

(5)分部工程。在一个建筑物内能组合发挥一种功能的建筑安装工程,是组成单位工程的部分。对单位工程安全、功能或效益起决定性作用的分部工程称为主要分部工程。

(6)单元工程。在分部工程中由几个工序(或工种)施工完成的最小综合体,是日常质量考核的基本单位。

(7)关键部位单元工程。对工程安全、效益或功能有显著影响的单元工程。

(8)重要隐蔽单元工程。主要建筑物的地基开挖、地下洞室开挖、地基防渗、加固处理和排水等隐蔽工程中,对工程安全或功能有严重影响的单元工程。

(9)主要建筑物及主要单位工程。主要建筑物,指其失事后将造成下游灾害或严重影响工程效益的建筑物,如堤坝、泄洪建筑物、输水建筑物、电站厂房及泵站等。属于主要建筑物的单位工程称为主要单位工程。

(10)中间产品。工程施工中使用的砂石骨料、石料、混凝土拌合物、砂浆拌合物、混凝土预制构件等土建类工程的成品及半成品。

(11)见证取样。在监理单位或项目法人监督下,由施工单位有关人员现场取样,并送到具有相应资质等级的工程质量检测单位进行的检测。

(12)外观质量。通过检查和必要的测量所反映的工程外表质量。

(13)质量事故。在水利工程建设过程中,由于建设管理、监理、勘测、设计、咨询、施工、材料、设备等原因造成工程质量不符合国家和行业相关标准以及合同约定的质量标准,影响工程使用寿命和对工程安全运行造成隐患和危害的事件。

(14)质量缺陷。对工程质量有影响,但小于一般质量事故的质量问题。

(二)水利工程施工质量检验要求

1.基本规定

(1)承担工程检测业务的检测单位应具有水行政主管部门颁发的资质证书。其设备和人员的配备应与所承担的任务相适应,有健全的管理制度。

(2)工程施工质量检验中使用的计量器具、试验仪器仪表及设备应定期进行检定,并具备有效的检定证书。国家规定需强制检定的计量器具应经县级以上计量行政部门认定的计量检定机构或其授权设置的计量检定机构进行检定。

(3)检测人员应熟悉检测业务,了解被检测对象性质和所用仪器设备性能,经考核合格后,持证上岗。参与中间产品及混凝土(砂浆)试件质量资料复核的人员应具有工程师以上工程系列技术职称,并从事过相关试验工作。

(4)工程质量检验数据应真实可靠,检验记录及签证应完整齐全。

(5)工程中永久性房屋、专用公路、专用铁路等项目的施工质量检验与评定可按相应行业标准执行。

(6)项目法人、监理、设计、施工和工程质量监督等单位根据工程建设需要,可委托具有相应资质等级的水利工程质量检测单位进行工程质量检测。对已建工程质量有重大分歧时,应由项目法人委托第三方具有相应资质等级的质量检测单位进行检测,检测数量视需要确定,检测费用由责任方承担。

(7)堤防工程竣工验收前,项目法人应委托具有相应资质等级的质量检测单位进行抽样检测,工程质量抽检项目和数量由工程质量监督机构确定。

(8)对涉及工程结构安全的试块、试件及有关材料,应实行见证取样。见证取样资料由施工单位制备,记录应真实齐全,参与见证取样人员应在相关文件上签字。

(9)工程中出现检验不合格的项目时,应按以下规定进行处理:原材料、中间产品一次抽样检验不合格时,应及时对同一取样批次另取两倍数量进行检验,如仍不合格,则该批次原材料或中间产品应定为不合格,不得使用。单元(工序)工程质量不合格时,应按合同要求进行处理或返工重做,并经重新检验且合格后方可进行后续工程施工。混凝土(砂浆)试件抽样检验不合格时,应委托具有相应资质等级的质量检测单位对相应工程部位进行检验。如仍不合格,应由项目法人组织有关单位进行研究,并提出处理意见。工程完工后的质量抽检不合格,或其他检验不合格的工程,应按有关规定进行处理,合格后才能进行验收或后续工程施工。

2.质量检验职责范围

(1)项目部应依据工程设计要求、施工技术标准和合同约定进行自检,自检过程应有书面记录,同时结合自检情况如实填写质量评定表。

(2)监理单位应根据抽样检测结果复核工程质量。其平行检测和跟踪检测的数量按合同约定执行。

(3)法人应对施工单位自检和监理单位抽检过程进行督促检查,对报工程质量监督机构核备、核定的工程质量等级进行认定。

(4)工程质量监督机构应对项目法人、监理、勘测、设计、施工单位,以及工程其他参建单位的质量行为和工程实物质量进行监督检查。检查结果应按有关规定及时公布,并书面通知有关单位。

(5)临时工程质量检验及评定标准,应由项目法人组织监理、设计及施工等单位根据工程特点,参照相关标准确定,并报相应的工程质量监督机构核备。

3.质量检验内容

(1)质量检验包括施工准备检查,原材料与中间产品质量检验,水工金属结构、启闭机及机电产品质量检查,单元(工序)工程质量检验,质量事故检查和质量缺陷备案,工程外观质量检验等。

(2)主体工程开工前,施工单位应组织人员进行施工准备检查,并经项目法人或监理单位确认合格且履行相关手续后，才能进行主体工程施工。

（3）项目部应按有关技术标准对水泥、钢材等原材料与中间产品质量进行检验，并报监理单位复核。不合格产品，不得使用。

（4）水工金属结构、启闭机及机电产品进场后，有关单位应按有关合同进行交货检查和验收。安装前，施工单位应检查产品是否有出厂合格证、设备安装说明书及有关技术文件，对在运输和存放过程中发生的变形、受潮、损坏等问题应做好记录，并进行妥善处理。无出厂合格证或不符合质量标准的产品不得用于工程中。

（5）项目部应按检验工序及单元工程质量，做好书面记录，在自检合格后，填写水利工程施工质量评定表报监理单位复核。监理单位根据抽检资料核定单元（工序）工程质量等级。发现不合格单元（工序）工程，应要求项目部及时进行处理，合格后才能进行后续工程施工。对施工中的质量缺陷应书面记录备案，进行必要的统计分析，并在相应单元（工序）工程质量评定表"评定意见"栏内注明。

（6）项目部应及时将原材料、中间产品及单元（工序）工程质量检验结果报监理单位复核。并应按月将施工质量情况报送监理单位，由监理单位汇总分析后报项目法人和工程质量监督机构。

（7）单位工程完工后，项目法人应组织监理、设计、施工及工程运行管理等单位组成工程外观质量评定组，现场进行工程外观质量检验评定，并将评定结论报工程质量监督机构核定。参加工程外观质量评定的人员应具有工程师以上技术职称或相应执业资格。评定组人数应不少于5人，大型工程不宜少于7人。

二、水利工程施工质量评定的基本要求

水利工程施工质量等级评定的主要依据如下。

（1）国家及相关行业技术标准。

（2）经批准的设计文件、施工图纸、金属结构设计图样与技术条件、设计修改通知书、厂家提供的设备安装说明书及有关技术文件。

（3）工程承发包合同中约定的技术标准。

（4）工程施工期及试运行期的试验和观测分析成果。

《水利水电工程施工质量检验与评定规程》（SL 176—2007）规定水利工程质量等级分为"合格"和"优良"两级。合格标准是工程验收标准，优良等级是为工程项目质量创优而设置的。

（一）合格标准

1.单元工程施工质量合格标准

单元（工序）工程施工质量合格标准应按照合同约定的合格标准执行。

当达不到合格标准时，应及时处理。处理后的质量等级应按下列规定重新确定。

(1)全部返工重做的,可重新评定质量等级。

(2)经加固补强并经设计和监理单位鉴定能达到设计要求时,其质量评为合格。

(3)处理后的工程部分质量指标仍达不到设计要求时,经设计复核,项目法人及监理单位确认能满足安全和使用功能要求,可不再进行处理;或经加固补强后,改变了外形尺寸或造成工程永久性缺陷的,经项目法人、监理及设计单位确认能基本满足设计要求,其质量可定为合格,但应按规定进行质量缺陷备案。

2.分部工程施工质量合格标准

(1)所含单元工程的质量全部合格。质量事故及质量缺陷已按要求处理,并经检验合格。

(2)原材料、中间产品及混凝土(砂浆)试件质量全部合格,金属结构及启闭机制造质量合格,机电产品质量合格。

3.单位工程施工质量合格标准

(1)所含分部工程质量全部合格。

(2)质量事故已按要求进行处理。

(3)工程外观质量得分率达到70%以上。

(4)单位工程施工质量检验与评定资料基本齐全。

(5)工程施工期及试运行期,单位工程观测资料分析结果符合国家和行业技术标准以及合同约定的标准要求。

4.工程项目施工质量合格标准

(1)单位工程质量全部合格。

(2)工程施工期及试运行期,各单位工程观测资料分析结果均符合国家和行业技术标准以及合同约定的标准要求。

(二)优良标准

1.单元工程施工质量优良标准

单元工程施工质量优良标准应按照合同约定的优良标准执行。全部返工重做的单元工程,经检验达到优良标准时,可评为优良等级。

2.分部工程施工质量优良标准

(1)所含单元工程质量全部合格,其中70%以上达到优良等级,重要隐蔽单元工程和关键部位单元工程质量优良率达90%以上,且未发生过质量事故。

(2)中间产品质量全部合格,混凝土(砂浆)试件质量达到优良等级(当试件组数小于30时,试件质量合格),原材料质量、金属结构及启闭机制造质量合格,机电产品质量合格。

3.单位工程施工质量优良标准

(1)所含分部工程质量全部合格,其中70%以上达到优良等级,主要分部工程质量全部优良,且施工中未发生过较大质量事故。

(2)质量事故已按要求进行处理。

(3)外观质量得分率达到85%以上。

(4)单位工程施工质量检验与评定资料齐全。

(5)工程施工期及试运行期,单位工程观测资料分析结果符合国家和行业技术标准以及合同约定的标准要求。

4.工程项目施工质量优良标准

(1)单位工程质量全部合格,其中70%以上单位工程质量达到优良等级,且主要单位工程质量全部优良。

(2)工程施工期及试运行期,各单位工程观测资料分析结果均符合国家和行业技术标准以及合同约定的标准要求。

第三节　安全管理

建筑行业安全生产在当前的形势下是国家、社会、主管部门、业主、企业、项目部、监理和家庭等全员关注的问题,和其他目标相比更是没有弹性的目标,而建筑行业又是安全事故的高危行业之一,同时,安全问题具有瞬间发生并且不可逆转的特性,因此,项目实施过程中安全问题始终是最焦点问题,理论上谁都知道不容有任何麻痹和疏忽,而现实工作中偏偏安全问题往往是说得最多落实到位的又可能最少,使安全生产工作始终难以摆脱出"最被人人挂在嘴边的问题又最被大部分人忽视,最值得抓的问题又最没投入精力,最念念不忘的问题又念后就忘,最不应该出现问题的时候就偏偏发生事故"这样一个怪圈。现在媒体的嗅觉相当发达,国家对各种安全事故的曝光率和透明度逐步提升,关注媒体的人都知道,在国家如此加大力度预防安全生产事故发生的今天,各类安全事故还是层出不穷、屡禁不止。究其原因,不外乎安全与效益是矛盾的双方,侥幸心理和"说说就行"代替了落实和行动。"事前不真管,事后真后悔"是不少管理者出现安全事故后的切身体会。抓好安全生产工作是每个企业和项目部应该时时、事事不松懈的持续工作。在此愿我们水利建设行业各级管理者能充分重视安全生产工作的落实和行动,在所有建筑领域第一个走出"怪圈"。

一、安全管理的目的和任务

工程施工项目安全管理的目的是最大限度地保护生产者的人身安全,控制影响工作场所内员工、临时工作人员、合同方人员、访问者和其他有关部门进入现场人员安全的条件和因素,考虑和避免因使用不当对使用者造成的安全危害。

安全管理的任务是建筑生产企业为达到建筑工程施工过程中安全的目的,指挥、协调、控制和组织全体员工安全生产的活动,包括制定、实施、实现、评审和保持安全方针所需的组织机构、计划活动,职责、惯例、程序、过程和资源。不同的企业根据自身的实际情况制定相应方针,并围绕实施、实现、评审、保持、改进等建立健全组织机构、策划活动、明确职责、遵守有关法律法规和惯例编制程序控制文件,实行全过程全方位控制并提供充足的人员、设备、资金和信息资源等。

二、安全技术措施计划及其实施

(一)工程施工安全技术措施计划

工程施工安全技术措施计划的主要内容包括工程概况、控制目标、控制程序、组织机构、职责权限、规章制度、资源配置、安全措施、检查评价、奖惩制度等。

编制施工安全技术措施计划时,对于以下某些特殊情况应充分考虑。

(1)对结构复杂、施工难度大、专业性较强的工程项目,除制定项目总体安全保证计划外,还必须制定单位工程或分部分项工程的安全技术措施。

(2)对高处作业、井下作业等专业性强的作业,电器、压力容器等特殊工种作业,应制定单项安全技术规程,并应对管理人员和操作人员的安全作业资格和身体状况进行合格检查。

(3)制定和完善施工安全操作规程,编制各施工工种,特别是危险性较大工种的安全施工操作要求,作为规范和检查考核员工安全生产行为的依据。

(4)施工安全技术措施包括安全防护设施的设置和安全预防措施,主要有以下方面的内容,如防火、防毒、防爆、防洪、防尘、防雷击、防触电、防坍塌、防物体打击、防机械伤害、防起重设备滑落、防高空坠落、防交通事故、防寒、防暑、防疫、防环境污染等。

(二)施工安全技术措施计划的实施

建立安全生产责任制是施工安全技术措施计划实施的重要保证。安全生产责任制是指企业对项目经理部各级领导、各个部门、各类人员所规定的在他们各自职责范围内对安全生产应负责任的制度。

1.安全教育

安全教育的要求如下。

(1)广泛开展安全生产的宣传教育,使全体员工真正认识到安全生产的重要性和必要性,懂得安全生产和文明施工的科学知识,牢固树立安全第一的思想,自觉地遵守各项安全生产法律法规和规章制度。

(2)把安全知识、安全技能、设备性能、操作规程、安全法规等作为安全教育的主要内容。

(3)建立经常性的安全教育考核制度,考核成绩要记入员工档案。

（4）电工、电焊工、架子工、司炉工、爆破工、机操工、起重工、机械司机、机动车辆司机等特殊工种工人，除一般安全教育外，还要经过专业安全技能培训，经考试合格持证后，方可独立操作。

（5）采用新技术、新工艺、新设备施工和调换工作岗位时，也要进行安全教育，未经安全教育培训的人员不得上岗操作。

2.安全技术交底

安全技术交底的基本要求：项目经理部必须实行逐级安全技术交底制度，纵向延伸到班组全体作业人员；技术交底必须具体、明确，针对性强；技术交底的内容应针对分部分项工程施工中给作业人员带来的潜在危害和存在问题；应优先采用新的安全技术措施；应将工程概况、施工方法、施工程序、安全技术措施等向工长、班组长进行详细交底；定期向由两个以上作业队和多工种进行交叉施工的作业队伍进行书面交底；保持书面安全技术交底签字记录。

安全技术交底主要内容：本工程项目的施工作业特点和危险点；针对危险点的具体预防措施；应注意的安全事项；相应的安全操作规程和标准；发生事故后应及时采取的避难和急救措施。

第四节　人力资源组织管理

一、人力资源组织管理

任何工作要确保顺利进行都必须首先解决人的问题，解决不好人的问题，其他都免谈。人力资源组织管理好坏是工程项目实施能否成功和是否顺利的关键，没有充分的人力资源组织管理就没有项目的成功实施。因此，对于水利工程项目施工管理来说人力资源组织管理至关重要。什么工作都是由人做的，没有人就没有一切，而有了人也未必就能干好一切，主要还看如何组织和管理好人。由此表明，组织和管理好人是成功的首要条件，是决定成败的基础和关键。作为项目来说，人力资源是多方面和多样化的，既有管理人员，又有专业技术人员，既有职工又有民技工，既有固定人员又有临时人员，既有现场人员又有后勤供应人员，既有业主、监理等责任关系人员又有材料、设备、劳务等利益合作关系人员等，所有这些复杂的人员共同组成完成工程项目的群体，要充分组织和管理好这样的混杂群体，其难易程度不言而喻。

而上述群体中，起纽带和协调作用的关键人员就是项目经理，作为项目的主要责任人项目经理，要把项目实施好又必须面对这样的群体人际关系并要组织和处理好，否则就不可能实施好项目。由此说明，项目的成败如果落实到个人身上的话那毫无疑问就是项目经理。因此，在众多的人力资源中，如何挑选一个合格的项目经理又是关键中的关键。随着上级主管部门和业主对工程项目管理和监督的逐步加强,投标时一套班子、中标后又换一套班子的情况正逐渐成为历史。为了避免中标后更换主要人员带来的麻烦和困难,企业在投标时就必须根据项目的具体情况,选定合适且中标后能出任的项目经理、总工程师等主要管理和技术人员。同时,对各职能部门和各专业工种等人力资源也应该有明确、针对性的选择和安排。否则,一旦中标,企业在人力资源组织上将陷入极大被动和不利局面。因此,企业在投标一个工程项目时,应遵循以下人力资源组织程序。

(1)首先挑选适合本项目施工的项目经理。

(2)充分参考项目经理的意见配备能够友好协商相处、有组织管理实践经验、懂生产调度的项目副经理和真正能理解该项目设计意图和熟悉施工方法和工艺技术的项目总工程师。

(3)根据项目设计要求和施工管理需要设置适合该工程项目的组织机构并由项目经理、副经理、总工程师为主选择各职能部门负责人。

(4)由各职能部门负责人为主选择各部门工作人员:由项目经理和副经理、总工程师等选择适合该项目施工的劳务队伍,并与该劳务队伍联系落实是否有满足该项目施工要求的各种民技工。

(5)如果中标,应由副经理和总工程师牵头,有关职能部门参与落实主要永久材料供应商、周转材料供应商、当地施工设备供应商等。

(6)如果中标,在正式进场前项目经理等主要管理和技术人员应及时组织一次与业主和监理工程师见面的非正式交谈活动,以尽早了解业主和监理工程师对项目部的建议和想法。

按照上述人员的组织程序组织人力资源,对一般的工程施工项目来说就不会出现大的问题,项目的实施也就会有基本保障。就水利工程施工项目人力资源组织时可参考以下组织原则选择相关人员。

(1)项目经理的人选是第一位的。第一,项目经理要具备一定的专业技术知识和经验,懂得该工程施工的程序、方法和工艺;第二,最好是亲自主管过类似工程或参加过类似工程的管理,对工程的组织和管理程序比较了解,有一定的管理经验和社交能力;第三,有组织能力和协调能力,对工程当地的风俗习惯相对了解,在职工中有相当的威信;第四,为人正直、品德良好、做事公正、顾全大局、言行有度、应变力强、作风顽强、不任人唯亲;第五,有责任心和事业心,为人诚实,关心职工,团结他人,组织观念强,有一定的凝聚力,工作踏实,处事稳重,既有主见又善于听取别人的意见;第六,遇事不慌,应对突发事件能力强,不轻易放弃,敢于面对不正之风而加以管理和纠正,敢于承担责任,在关键时刻敢于冲在最前面;第七,不搞专权,不讲享受,不专横跋扈,对内与职工和民技工和睦相处,对外不亢不卑处事有度,协调有方,懂得尊重他人并能获得他人尊重,有充分的话语权。

(2)技术负责人(项目总工程师)的人选是第二位的。第一,业务熟练、全面,有类似工程专业技术及管理经验;第二,有事业心和责任感,在技术人员和各工段间有一定的权威性和影响力;第三,有一定的社交能力和协调能力,工作细致有序,脑勤、嘴勤、腿勤、手勤;第四,善于团结,尊重上级,关心下属,懂得资料整理及档案管理知识,懂得各工序及各分部分项工程施工方法和质量控制措施,懂得成本控制及计量支付业务,熟悉计量支付程序和各项工程验收程序,对设计图纸资料理解能力强,有一定口才和交谈技巧,能以不同方式完成好技术交底工作;第五,能充分协调好各工种、科室有关技术和专业人员的配合工作,起到穿针引线的作用,有一定的判断和决策能力,对有争议的施工技术和工艺有自己的见解和主导意见,关键时刻能果断决策;第六,工作认真细致,作风顽强,生活朴素,为人诚实,善于尊重他人,有传帮带风格,甘心为项目经理做好技术和管理的帮手及顾问。

(3)项目副经理的人选是第三位的。该人选除具有项目经理的某些条件外,现场组织和内部协调能力是其必备的,最主要的是其道德素质和为人水平,不拉帮结派,尊重项目经理和技术负责人,处事周正,上传下达能力强,调度指挥水平高,质量和安全意识强,有实践经验和协调、指挥、组织能力,处事原则性强,懂一定业务知识,善于和项目经理及总工程师团结协作,集体观念强,对项目各阶段的人力资源、材料资源和设备资源等有需求和调整思路,对各工段或班组及民技工有原则,有分寸,一视同仁,关键时刻能调度项目各工种和班组及民技工不计较报酬先把工作完成,并对完成的临时工作或计日工等随时进行记录并给予合理报酬,不会无原则行事。

(4)财务科。财务科是整个项目资金管理的中心和对内对外结算的窗口,也是项目资金使用监管的部门,因此,无论大小项目,均必须在现场设置财务科,以确保资金的正常回笼和流动,保证项目的正常运转。大的项目可以派出两名及以上专职财务人员组成财务科,分别管理计量支付、材料设备、人员工资、出纳等;中小型工程最好出纳和记账分开由两人管理;特别小的项目,为了减少人员工资,项目上可只派一名出纳,账目由总部财务人员监管,定期到项目上处理,尽量避免记账和出纳一人兼的情况。财务科无论几名人员都必须在项目经理的领导下进行资金收入和支出,尤其资金支出只能由项目经理一人签字,同时,财务科应根据财务法和企业财务管理规定制定有关项目财务制度。

(5)工程技术科。工程技术科是项目的技术控制和实施中心,该科的直接领导是项目总工程师。该科的设置必须结合该项目的结构情况和工程特点,挑选有一定业务经验的人员,以便分工指导和管理各职能部门和工段。在施工前,该科应针对设计要求,主动商讨并拟定技术实施方案和质量保证措施,一旦实施方案被批准,施工过程中应做到标准统一,要求统一,指标统一,方法统一,未经项目总工程师同意,不得随意变更方案。同时,该科室是基础或隐蔽工程及混凝土浇筑、钢筋绑扎、立模,以及土石方开挖和回填等昼夜施工项目的主要技术指导和控制科,现场值班人员数量要保证。同时,在总工程师的带领下积极做好技术交底工作、资料收集整理工作、验收技术资料签证和竣工资料的准备整理等。

(6)质量检查科。该科室主要是负责工程项目的质量控制,是确保项目施工质量的主管部门,因此,人员要精,责任心要强,业务要熟练,工作作风要雷厉风行,原则性要强,规范和标准要熟,设计要求要清楚,同时,跟班作业要到位。质量检查科作为项目重要的业务科室,同样直接受技术负责人的领导,同时,与技术科、测量科和试验检测科要进行不间断的技术和业务沟通。质量检查人员必须时刻跟踪各工艺、各工序、各部位的施工,并按质检程序经检查后真实填写有关资料并报监理工程师检查。因此,质检人员要熟悉质检程序和要求,对质量不能徇私舞弊。

二、人力资源管理流程

(一)进场前的管理工作

1.组织召开项目部全体职工会议

人员确定后立即组织召开项目部全体职工会议,宣布项目部班子成员名单及分工、组织机构设置及各部门负责人名单,介绍工程概况,介绍主要施工方法,讲述质量标准和工期计划,通告项目部组织管理思路,分配近期工作任务。

2.审核投标文件技术方案

核对投标文件工程量,规划现场临时工程布置技术负责人安排技术科和质量检查科人员详细研究投标文件施工技术方案是否可行,并对其进行可行性修改和补充,形成以后具体的实施方案;安排预算人员对照招标文件和设计图纸一一查对投标文件工程量清单是否准确,发现问题时详细记录。

3.统计材料用量,统计机电设备数量,编排采购供应计划

安排技术人员根据工程量及混合物各料物配合比例计算各种材料理论用量,加入常规消耗量制出材料实际用量表;安排机电设备和金属结构科统计设备数量并制出设备数量表。根据上述实际材料用量和设备数量,结合投标文件工期安排编排材料采供和设备供应计划。

4.落实施工机械设备和仪器,编排调拨计划

安排机电设备科人员和测量及试验人员分头落实项目部拟使用的施工设备和试验、检测、测量仪器,详细掌握各种设备仪器的具体存放或使用地点、状况、检测期限等,各方面人员将了解的情况汇总后,根据投标文件工期情况编制施工设备和仪器调拨计划。

5.落实施工队伍,组织劳务人员

项目经理要重点落实施工队伍和劳务人员,包括与业主联系沟通确定他们有无

安排当地施工队伍的情况。如果有,应及时通知有关队伍到企业详谈;如果没有,应尽量从合作过的或了解的队伍中挑选并立即谈判。如果必须选择新队伍,应起码掌握三家以上的信息,分析后有重点地实地考察其施工业绩、施工经验、管理水平、施工设备、安全生产、队伍信誉,工人素质、合作精神、服从管理等情况,经综合分析后确定并签订详细的合作协议。对劳务人员,也是先从使用过的或熟悉的公司中挑选,对新的劳务公司同样要实地考察,考察内容基本与考察施工队伍相同,确定后签订详细的合作协议。在此说的选择施工队伍和劳务人员并不矛盾,施工队伍是指可以独立分包、有一定施工设备和管理经验的分包商,劳务人员是指仅承担劳务输出的公司。工程量大或技术比较复杂的工程可能同时需要分包施工队伍和劳务人员,工程量小或技术比较简单的工程可能只需要其中之一即可,实际工作中根据具体需要确定。

6.预测项目成本

项目经理和总工带头组织有关部门骨干人员详细预测该工程项目有可能发生的实际工程成本。工程成本的测算必须结合具体的施工方案、工程量、施工方法、工期、人员情况、劳务工资、施工计划、内外协调、采购和供应计划、装运卸及仓管、材料价格及供应条件、设备订购及供应、现场管理、设备使用及调拨、后勤供应及管理、临时工程搭拆、验收、水电、办公、安全及消防设施、卫生管理、突发事件处理、关系协调、安全度汛、特殊季节施工、抢工、招待、资料、上缴、税金、管理人员工资及奖金、审计和结算、不可预见等与该工程施工过程有关的全部直接费用和间接费用。成本测算应遵循的原则如下:预测力求切合实际,费用项目尽量全面,估测数量尽量准确,额外费用尽量节俭等。所以,项目部在预测项目成本时务实是根本原则。

7.签订项目部承包协议

在企业有关部门将项目成本预测出来后,企业和项目部应及时交流沟通双方测算情况,尽量心平气和地听取对方的测算方法和结算结果,对差距过大之处发表自己的看法。在成本项目、数量、实施方法、实施工艺、时间限定等主要决定因素达成共识后,再进行详细的计算,最终定出双方都比较满意的数额,至此,双方签订承包协议,进入履行阶段。

(二)进场后的管理工作

人员应根据前期准备阶段制订的人员进场计划分批进场,施工过程中根据工程实际进度预先研究人员调配及组合,在部分项目完工后计划收尾工作,考虑该部分人员交接后及时退场。

1.人员进场计划制订的必要性

人员进场计划对单纯的土石方开挖和回填工程来说比较简单,在临时管理工程建成后具备开工临时工程和永久工程的条件时一般即可全部进驻工地,以便各自按分工职责完成自己的任务。在此谈的人员进场计划是指结构物工程的人员计划,相对土石方工程稍微复杂一些。制订人员进场计划的主要目的是降低成本、利用优势、有序进退。因为,任何施工企业一般都有外业施工补助和加班、加点、绩效等费用,施工队伍和劳务人员提前进场也必须支付相应的工资最起码应支付误工补贴,对大型水利工程而言,这笔费用不是一个小数目,应引起项目部管理人员的重视。

2.人员进场计划的实施

人员进场计划的实施主要由项目副经理和总工程师等先商定意见,报项目经理同意后由项目副经理负责执行并落实。办公室、司务科负责安排食宿,财务科负责进场人员生活费发放和差旅费报销等,各科室、工段负责本部门人员的接待及现场情况介绍;对新来的施工队伍,则由技术科负责现场介绍;劳务工人由工段负责人负责介绍各自工段情况及现场情况并按照事先确定的临时工程布置和计划安排进场人员食宿。

3.工程施工过程中的人员调配及组合

虽然每个工程项目部都根据具体工程情况设立了独立的职能部门和组织机构,施工队伍和劳务工人也根据其承包任务和特长进行了界定和划分,但随着工程各部位的陆续开工,各职能部门和施工队伍以及劳务工人的分工界限必然会被打破,既有分工又有合作成为项目部根本的人员组织形式,所以,分工只是相对的,合作才是真正意义上的分工。项目经理和班子成员应充分组织和协调好每一个阶段的人员调配和组合,切不可被所谓"专业、专职"观念所左右。目前的项目管理已经做到了一人多岗、一技多能,对常规的施工程序可以说已经成了现实,尤其是一些中小型企业,由于受管理人员和技术力量的限制,三五个人就承担一个项目的情况普遍存在。单就这一点来说,中小型企业确实比大型企业更锻炼人。综合能力强、各种工作都不陌生,敢干、胆子大、不怕承担责任,这是中小型企业管理人员的特点;而大型企业因为各种各样的人才比较多,分工明晰,专业性、专职性强,把自己的工作干好,互相不掺和别人的事,久而久之使职工养成业务专一、工作具体、怕担责任的工作习惯,往往一个中小型项目也要组建一个臃肿的庞大机构,只要工程量清单中有的项目所有的工种人员一应俱全独立承担各自的任务,可能这就是在中小型项目中,大型企业竞争不过中小型企业的原因之一。

第五节　文明施工及环保管理

一、文明施工与环境保护的概念及意义

(一)文明施工与环境保护的概念

文明施工是指在工程项目施工过程中始终保持施工现场良好的作业环境、卫生环境和工作秩序。文明施工主要包括以下几个方面的工作:规范施工现场的场容,达

到并长久保持作业环境整洁卫生;科学组织施工,使生产有秩有序进行;尽量减少因施工对当地居民、过路车辆和人员及周边环境的影响;保证职工的安全和身体健康。

环境保护是按照法律法规、各级主管部门和企业的要求,保护和改善作业现场的环境,控制现场的各种粉尘、废水、废气、固体废弃物、噪声、振动等对环境的污染和危害。环境保护也是文明施工的重要内容之一。

(二)文明施工的意义

(1)文明施工能促进企业综合管理水平的提高。保持良好的作业环境和秩序,对促进安全生产、加快施工进度、保证工程质量、降低工程成本、提高经济和社会效益有较大作用。文明施工涉及人、财、物各个方面,贯穿施工全过程,体现了企业在工程项目施工现场的综合管理水平,也是项目部人员管理素质的充分反映。

(2)文明施工是适应现代化施工的客观要求。现代化施工更需要采用先进的技术、工艺、材料、设备和科学的施工方案,需要严密组织、严格要求、标准化管理和较好的职工素质等。文明施工能适应现代化施工的要求,是实现优质、高效、低耗、安全、清洁、卫生的有效手段。

(3)文明施工代表企业的形象。良好的施工环境与施工秩序能赢得社会的支持和信赖,提高企业的知名度和市场竞争力。

(4)文明施工有利于员工的身心健康,有利于培养和提高施工队伍的整体素质。文明施工可以提高职工队伍的文化、技术和思想素质,培养尊重科学、遵守纪律、团结协作的大生产意识,促进企业精神文明建设。从而可以促进施工队伍整体素质的提高。

(三)现场环境保护的意义

(1)保护和改善施工环境是保证人们身体健康和社会文明的需要。采取专项措施防止粉尘、噪声和水源污染,保护好作业现场及其周围的环境是保证职工和相关人员身体健康、体现社会总体文明的一项利国利民的重要工作。

(2)保护和改善施工现场环境是消除外部干扰、保证施工顺利进行的需要。随着人们的法治观念和自我保护意识的增强,尤其对距离当地居民或公路等较近的项目,施工扰民和影响交通的问题反映比较突出,项目部应针对具体情况及时采取防治措施,减少对环境的污染和对他人的干扰,这也是施工生产顺利进行的基本条件。

(3)保护和改善施工环境是现代化大生产的客观要求。现代化施工广泛应用新设备、新技术、新的生产工艺,对环境质量要求很高,如果粉尘、振动超标就可能损坏设备、影响功能发挥,使设备难以发挥作用。

(4)节约能源、保护人类生存环境是保证社会和企业可持续发展的需要。人类社会即将面临环境污染和能源危机的挑战。为了保护子孙后代赖以生存的环境条件,每个公民和企业都有责任和义务来保护环境。良好的环境和生存条件,也是企业发展的基础和动力。

二、文明施工的基本要求

(1)施工现场必须设置明显的标牌,标明工程项目名称、概况、建设单位、设计单位、施工单位、项目经理和施工现场总代表人的姓名、开竣工日期、施工许可证批准文号等。施工单位负责施工现场标牌的保护工作。

(2)施工现场的管理人员在施工现场应当佩戴证明其身份的证卡。

(3)应当按照施工总平面布置图设置各项临时设施。现场堆放的大宗材料、成品、半成品和机具设备不得侵占场内道路及安全防护等设施。

(4)施工现场的用电线路、用电设施的安装和使用必须符合安装规范和安全操作规程,并按照施工组织设计进行架设,严禁任意拉线接电。施工现场必须设有保证施工安全要求的夜间照明;危险潮湿场所的照明以及手持照明灯具,必须采用符合安全要求的电压。

(5)施工机械应当按照施工总平面布置图规定的位置和线路设置,不得任意侵占场内道路。施工机械进场须经过安全检查,经检查合格的方能使用。施工机械操作人员必须建立机组责任制,并依照有关规定持证上岗,禁止无证人员操作。

(6)应保证施工现场道路畅通,排水系统处于良好的使用状态;保持场容场貌的整洁,随时清理建筑垃圾。在车辆、行人通行的地方施工,应当设置施工标志,并对沟井坎穴进行覆盖和铺垫。

(7)施工现场的各种安全设施和劳动保护器具,必须定期进行检查和维护,及时消除隐患,保证其安全有效。

(8)施工现场应当设置各类必要的职工生活设施,并符合卫生、通风、照明等要求。职工的膳食、饮水供应等应当符合卫生要求。

(9)应当做好施工现场安全保卫工作,采取必要的防盗措施,在现场周边设立围护设施。

(10)在施工现场建立和执行防火管理制度,设置符合消防要求的消防设施,并保持完好的备用状态。在容易发生火灾的地区施工,或者储存、使用易燃易爆器材时,应当采取特殊的消防安全措施。

(11)对项目部所有人员应进行言行规范教育工作,大力提倡精神文明建设,严禁赌、毒、黄及斗殴等行为的发生,用强有力的制度和频繁的检查教育,杜绝不良行为的出现,对经常外出的采购、财务、后勤等人员,应进行专门的用语和礼貌培训,增强交流和协调能力,预防因用语不当或不礼貌、无能力等原因发生争执和纠纷。

三、施工现场空气污染的防治

(1)施工现场垃圾渣土要及时清理出现场。

(2)上部结构清理施工垃圾时,要使用封闭式的容器或者采取其他措施处理高空废弃物,严禁凌空随意抛撒。

(3)施工现场道路应指定专人定期洒水清扫,形成制度,防止道路扬尘。

(4)对于细颗粒散体材料(如水泥、粉煤灰、白灰等)的运输,储存要注意遮盖、密封,防止和减少飞扬。

(5)车辆开出工地要做到不带泥沙,基本做到不撒土、不扬尘,减少对周围环境污染。

(6)除设有符合规定的装置外,禁止在施工现场焚烧油毡、橡胶、塑料、皮革、树叶、枯草、各种包装物等废弃物品以及其他会产生有毒、有害烟尘和恶臭气体的物质。

(7)机动车都要安装减少尾气排放的装置,确保符合国家标准。

(8)工地锅炉应尽量采用电热水器。若只能使用烧煤锅炉时,应选用消烟除尘型锅炉,大灶应选用消烟节能回风炉灶,使烟尘降至允许排放范围内。

(9)在离村庄较近的工地应将搅拌站封闭严密,并在进料仓上方安装除尘装置,采用可靠措施控制工地粉尘污染。

(10)拆除旧建筑物时,应适当洒水,防止扬尘。

四、施工现场水污染的防治

(一)水污染物主要来源

(1)工业污染源:指各种工业废水向自然水体的排放。

(2)生活污染源:主要有食物废渣、食油、粪便、合成洗涤剂、杀虫剂、病原微生物等。

(3)农业污染源:主要有化肥、农药等。

(4)施工现场废水和固体废物随水流流入水体部分,包括泥浆、水泥、油罐、各种油类,以及混凝土外加剂、重金属、酸碱盐、非金属无机毒物等。

(二)施工过程水污染的防治措施

(1)禁止将有毒有害废弃物作土方回填。

(2)施工现场搅拌站废水、现制水磨石的污水、电石(碳化钙)的污水必须经沉淀池沉淀合格后再排放,最好将沉淀水用于工地洒水降尘或采取措施回收利用。

(3)现场存放油料,必须对库房地面进行防渗处理。如采用防渗混凝土地面、铺油毡等措施。使用时,要采取防止油料跑、冒、滴、漏的措施,以免污染水体。

(4)施工现场100人以上的临时食堂,污水排放时可设置简易有效的隔油池,定期清理,防止污染。

第六节　合同管理

一、合同谈判与签约

(一)合同谈判的主要内容

1.关于工程内容和范围的确认

合同的"标的"是合同最基本的要素,建设工程合同的标的量化就是工程承包内容和范围。对于在谈判讨论中经双方确认的内容及范围方面的修改或调整,应和其他所有在谈判中双方达成一致的内容一样,以文字方式确定下来,并以"合同补遗"或"会议纪要"方式作为合同附件并说明它将构成合同的一部分。

对于为监理工程师提供的建筑物、家具、办公用品、车辆以及各项服务,也应逐项详细地予以明确。

对于一般的单价合同,如发包人在原招标文件中未明确工程量变更部分的限度,则谈判时应要求与发包人共同确定一个"增减量幅度",当超过该幅度时,承包人有权要求对工程单价进行调整。

2.关于合同价格条款

合同依据计价方式的不同主要有总价合同、单价合同和成本加酬金合同,在谈判中根据工程项目的特点加以确定。

3.关于价格调整条款

一般建设工程工期较长,货币贬值或通货膨胀等因素的影响,可能给承包人造成较大损失。价格调整条款可以比较公正地解决这一非承包人可控制的风险损失。

可以说,价格调整和合同单价(对"单价合同")及合同总价共同确定了工程承包合同的实际价格,直接影响着承包人的经济利益。在建设工程实践中,价格向上调整的机会远远大于价格下调,有时最终价格调整金额会高达合同总价的10%甚至15%以上,因此承包人在投标过程中,尤其是在合同谈判阶段务必对合同的价格调整条款予以充分的重视。

4.关于合同款支付方式的条款

工程合同的付款分四个阶段进行,即预付款、工程进度款、最终付款和退还保留金。

5.关于工期和维修期

被授标的承包人首先应根据投标文件中自己填报的工期及考虑工程量的变动而产生的影响,与发包人最后确定工期。关于开工日期,如可能时应根据承包人的项目准备情况、季节和施工环境因素等洽商一个适当的时间。

对于单项工程较多的项目,应当争取(如原投标书中未明确规定时)在合同中明确允许分部位或分批提交发包人验收(如成批的房建工程应允许分栋验收;分多段的公路维修工程应允许分段验收;分多片的大型灌溉工程应允许分片验收等),并从该批验收时起开始算该部分的维修期,应规定在发包人验收并接收前承包人有权不让发包人随意使用等条款,以缩短自己责任期限,最大限度保障自己的利益。

承包人应通过谈判(如原投标书中未明确规定时)使发包人接受,并在合同文本中明确承包人保留由于工程变更(发包人在工程实施中增减工程或改变设计)、恶劣气候的影响,以及"作为一个有经验的承包人也无法预料的工程施工过程中条件(如地质条件、超标准的洪水等)的变化"等原因对工期产生不利影响时要求合理地延长工期的权利。

合同文本应当对保修工程的范围、保修责任及保修期的开始和结束时间有明确的说明,承包人应该只承担由于材料和施工方法及操作工艺等不符合合同规定而产生的缺陷。如承包人认为发包人提供的投标文件(事实上将构成为合同文件)中对它们的说明不满意时,应该与发包人谈判清楚,并落实在"合同补遗"上。

承包人应力争以维修保函来代替发包人扣留的保留金,维修保函对承包人有利,主要是因为可提前取回被扣留的现金,而且保函是有时效的,期满将自动作废。同时,它对发包人并无风险,真正发生维修费用,发包人可凭保函向银行索回款项。因此,这一做法是比较公平的。维修期满后应及时从发包人处撤回保函。

6.关于完善合同条件的问题

主要包括:关于合同图纸;关于合同的某些措辞;关于违约罚金和工期提前奖金;工程量验收以及衔接工序和隐蔽工程施工的验收程序;关于施工占地;关于开工和工期;关于向承包人移交施工现场和基础资料;关于工程交付;预付款保函的自动减额条款。

(二)建设工程合同最后文本的确定和合同签订

1.合同文件内容

建设工程合同文件由以下文件共同构成:合同协议书;工程量及价格单;合同条件,一般由合同一般条件和合同特殊条件两部分构成;投标人须知;合同技术条件(附投标图纸);发包人授标通知;双方代表共同签署的合同补遗(有时也以合同谈判会议纪要形式表示);中标人投标时所递交的主要技术和商务文件(包括原投标书的图纸、承包人提交的技术建议书和投标文件的附图);其他双方认为应该作为合同的一部分文件,如投标阶段发包人发出的变动和补遗、发包人要求投标人澄清问题的函件和承包人所做的文字答复、双方往来函件,以及投标时的降价信等。

对所有在招标投标及谈判前后各方发出的文件、文字说明、解释性资料进行清理。对凡是与上述合同构成相矛盾的文件,应宣布作废。可以在双方签署的合同补遗中,对此做出排除性质的声明。

2.关于合同协议的补遗

在合同谈判阶段双方谈判的结果一般以合同补遗的形式,有时也可以合同谈判纪要形式,形成书面文件。这一文件将成为合同文件中极为重要的组成部分,因为它最终确认了合同签订人之间的意志,所以它在合同解释中优先于其他文件。为此,不仅承包人对它重视,发包人也极为重视。一般由发包人或其监理工程师起草。

因合同补遗或合同谈判纪要会涉及合同的技术、经济、法律等所有方面,作为承包人主要是核实其是否忠实于合同谈判过程中双方达成的一致意见及其文字的准确性。对于经过谈判更改了招标文件中条款的部分,应说明已就某某条款进行修正,合同实施按照合同补遗某某条款执行。

同时应该注意的是,建设工程承包合同必须遵守法律。对于违反法律的条款,即使由合同双方达成协议并签了字,也不受法律保障。因此,为了确保协议的合法性,应先由律师核实,而后才可对外确认。

3.签订合同

发包人或监理工程师在合同谈判结束后,应按上述内容和形式完成一个完整的合同文本草案,并经承包人授权代表认可后正式形成文件,承包人代表应认真审核合同草案的全部内容。当双方认为满意并核对无误后由双方代表草签,至此合同谈判阶段即告结束。此时,承包人应及时准备和递交履约保函,准备正式签署承包合同。

二、合同类型

(一)按照工程建设阶段分类

建设工程的建设过程大体上经过勘察、设计、施工三个阶段,围绕不同阶段订立相应合同。

1.工程勘察合同

工程勘察合同是指根据建设工程的要求,查明、分析、评价建设场地的地质地理环境特征和岩土工程条件,编制建设工程勘察文件的活动。建设工程勘察合同即发包人与勘察人就完成商定的勘察任务明确双方权利义务的协议。

2.建设工程设计合同

建设工程设计合同是指根据建设工程的要求,对建设工程所需的技术、经济、资源、环境等条件进行综合分析、论证,编制建设工程设计文件的活动。建筑工程设计合同即发包人与设计人就完成商定的工程设计任务明确双方权利义务的协议。

3.建设工程施工合同

建设工程施工合同是指根据建设工程设计文件的要求,对建设工程进行新建、扩建、改建的活动。建筑工程施工合同即发包人与承包人为完成商定的建设工程项目的施工任务明确双方权利义务的协议。

（二）按照承发包方式分类

1.勘察、设计或施工总承包合同

发包人将全部勘察、设计或施工的任务分别发包给一个勘察、设计单位或一个施工单位作为总承包人，经发包人同意，总承包人可以将勘察、设计或施工任务的一部分分包给其他符合资质的分包人。据此明确各方权利义务的协议即勘察、设计或施工总承包合同。在这种模式中，发包人与总承包人订立总承包合同，总承包人与分包人订立分包合同，总承包人与分包人就工作成果对发包人承担连带责任。

2.单位工程施工承包合同

在一些大型、复杂的建设工程中，发包人可以将专业性很强的单位工程发包给不同的承包人，与承包人分别签订土木工程施工合同、电气与机械工程承包合同，这些承包人之间为平行关系。单位工程施工承包合同常见于大型工业建筑安装工程。据此明确各方权利义务的协议即单位工程施工承包合同。

3.工程项目总承包合同

建设单位将包括工程设计、施工、材料和设备采购等一系列工作全部发包给一家承包单位，由其进行实质性设计、施工和采购工作，最后向建设单位交付具有使用功能的工程项目。工程项目总承包实施过程可依法将部分工程分包。据此明确各方权利义务的协议即工程项目总承包合同。

4.BOT合同（又称特许权协议书）

BOT合同是指由政府或政府授权的机构授予承包人在一定的期限内，以自筹资金建设项目并自费经营和维护，向东道国出售项目产品或服务，收取价款或酬金，期满后将项目全部无偿移交东道国政府的工程承包模式。据此明确各方权利义务的协议即BOT合同。

（三）按照承包工程计价方式分类

1.总价合同

总价合同一般要求投标人按照招标文件要求报一个总价，在这个价格下完成合同规定的全部项目。总价合同还可以分为固定总价合同、调价总价合同等。

2.单价合同

单位合同是指根据发包人提供的资料，双方在合同中确定每一单项工程单价，结算则按实际完成工程量乘以每项工程单价计算。单价合同还可以分为估计工程量单价合同、纯单价合同、单价与包干混合式合同等。

3.成本加酬金合同

成本加酬金合同是指成本费用按承包人的实际支出由发包人支付，发包人同时另外向承包人支付一定数额或百分比的管理费和商定的利润。

第七节 招投标管理简述

对于施工企业而言,在一定时期内参与的工程投标项目很多,但并非每个工程项目都必须参与投标。应当对每个工程项目情况进行具体分析和筛选,从而确定是否参加投标以及投什么性质的标。不适合本企业情况的工程和不了解的项目盲目参加投标,中标率极低,这样只会加大企业成本,久而久之会影响投标工作机构人员的积极性和信心,引发职工的埋怨,影响企业的声誉。投标决策正确与否,不但关系到企业能否中标,而且关系到企业发展前景和员工的切身利益。企业投标决策层应当慎重对待,根据不同阶段情况和企业市场优势以及企业优势,选定适合本企业参加的工程项目投标。对决定投标的工程项目,根据具体工程情况再确定投标决策类型。

一、分析招标信息阶段

随着社会的发展,交通设施、交通工具和通信条件等逐步缩短了人际交往的距离,所以,大多数工程项目建设信息不是通过招标公告获取的,而是在工程处于立项、审批、设计等阶段就了解和掌握了有关信息。大多数企业不会失去任何适合自己的机会,想方设法尽早地介入其中是企业经营者冥思苦想的问题,对重点攻关项目往往挑选专人负责跟踪,投不投标早有定论,所以,对这样的工程项目到招标公告发布时只是多个标段选择哪一个或几个的问题,一般不用进行多么复杂的分析。对异地工程和企业新开辟的市场,往往没有上述优势和便利条件,在得到信息后,一般要组织有关人员对信息加以分析和总结,适合者投,不适合者弃。对当地小企业或社会自然人借用企业资质投标的工程项目,企业必须慎之又慎,一则这是违规行为,二则潜在风险大,真是适合本企业的项目且效益有保证的,必须设立强有力的项目管理班子加强全过程的监管,同时,投标前必须签订严密的协议。国家法律决不允许出现借资质投标的情况发生,而现实中又经常存在这种现象,在此谈到这种情况并不是认可这种违法行为,而是针对实际提示有关企业在投标决策时注意和防范这种项目。不法行为的存在是社会的真实现象,适时防范是企业自我保护的基本本能。

二、资格预审阶段

企业应安排经营机构或投标工作机构人员将企业资格预审的基本资料准备就绪,并做成有备份的电子版,针对某个具体项目填报资格预审资料时,再结合该项目的特殊要求,补充该项目所需的资料,同时,根据资料原件变化情况随时修改电子版,以防出现原件和复制件不符的情况。

填报资格预审资料时,要注意针对该项目的常规要求和具体特点,分析业主的需求,把本公司能做好该项目的诚信、经验、能力、水平、优势等反映出来。

资格预审过关后,按既定的标段数量缴纳投标保证金,购买对应的标段招标资料,安排做标人员,布置编标具体任务。

三、投标前调查与现场勘察阶段

投标调查包括投标环境调查、投标项目调查和建筑市场调查等;现场勘察是指参加由业主或招标代理机构组织的工程现场情况介绍和实地了解。

四、选择咨询单位或代理人阶段

在投标时,可根据实际情况选择咨询单位或代理人。当施工企业开拓新市场或去国外承包工程时,选择一个精通业务、活动能力强的咨询单位,有助于提高中标的机会;对于中小型企业,在当地项目中,可利用地方优势,即便与实力企业在硬件上差距不大,往往也可借助这种形式,弥补自身在市场竞争和标书制作方面的不足。

五、投标报价编制和确定阶段

确定采用定额,编制报价工程量清单和单价分析表,确定临时工程报价,汇总工程预算总价,准备标书附件和资格后审原件,制定投标策略和报价方针,划定报价范围,分析确定报价,依据确定报价调整工程量清单报价和单价分析表,填报最终报价,确定标价等工作均在这一阶段落实。

第五章　建设项目的资金筹措

资金筹措又称融资,是以一定的渠道为某种特定活动筹集所需资金的各种活动的总称。在工程项目经济分析中,融资是为项目投资而进行的资金筹措行为或资金来源方式。本章主要对建设项目的资金筹措进行详细的讲解。

第一节　概述

一、建设项目资金筹措的分类

(一)按融资的期限分类

按融资的期限可分为长期融资和短期融资。

1.长期融资

长期融资是指企业为购置和建设固定资产、无形资产或进行长期投资等资金需求而筹集的、使用期限在1年以上的融资。长期融资通常采用吸收直接投资、发行股票、发行长期债券或进行长期借款等方式进行融资。

2.短期融资

短期融资是指企业因季节性或临时性资金需求而筹集的、使用期限在1年以内的融资。短期融资一般通过商业信用、短期借款和商业票据等方式进行融资。

(二)按融资的性质分类

按融资的性质可分为权益融资和负债融资。

1.权益融资

权益融资是指以所有者身份投入非负债性资金的方式进行的融资,权益融资形成企业的所有者权益和项目的资本金。权益融资在我国项目资金筹措中具有强制性,其特点如下。

(1)权益融资筹措的资金具有永久性特点,无到期日,无须归还。项目资本金是保证项目法人对资本的最低需求,是维持项目法人长期稳定发展的基本前提。

(2)没有固定的按期还本付息压力,股利的支付与否和支付多少,视项目投产运营后的实际经营效果而定,因此项目法人的财务负担相对较小,融资风险较小。

（3）权益融资是负债融资的基础。权益融资是项目法人最基本的资金来源,它体现项目法人的实力,是其他融资方式的基础,尤其可为债权人提供保障,增强公司的举债能力。

2.负债融资

负债融资指通过负债方式筹集各种债务资金的融资形式,负债融资是工程项目资金筹措的重要形式,其特点如下。

（1）筹集的资金在使用上具有时间限制,必须按期偿还。

（2）无论项目法人今后经营效果好坏,均需要固定支付债务利息,从而形成项目法人今后固定的财务负担。

（3）资金成本一般比权益融资低,且不会分散对项目未来权益的控制权。根据工程项目负债融资所依托的信用基础的不同,负债融资可分为国家主权信用融资、企业信用融资和项目融资三种。

（三）按风险承担的程度分类

按风险承担的程度可分为冒险型筹资类型、适中型筹资类型和保守型筹资类型。

（四）按不同的融资结构安排分类

按不同的融资结构安排可分为传统融资方式和项目融资方式。

1.传统融资方式

传统融资方式是指投资项目的业主利用其自身的资信能力为主体安排的融资。

2.项目融资方式

项目融资方式特指某种资金需求量巨大的投资项目的筹资活动,而且以负债作为资金的主要来源。项目融资不是以项目业主的信用,或者项目有形资产的价值作为担保来获得贷款,而是依赖项目本身良好的经营状况和项目投产后的现金流量作为偿还债务的资金来源,同时将项目的资产,而不是项目业主的其他资产作为借入资金的抵押。

二、建设项目资金的来源构成及筹措要求

（一）建设项目资金的来源构成

在资金筹措阶段,建设项目所需资金的来源与构成总额由自有资金、借入资金组成。

1.自有资金

企业自有资金是指企业有权支配使用、按规定可用于固定资产投资和流动资金的资金,以及在项目资金总额中投资者缴付的出资额,包括资本金和资本溢价。

（1）资本金

资本金是指新建项目设立企业时在工商行政管理部门登记的注册资金，根据投资主体的不同，资本金可分为国家资本金、法人资本金、个人资本金及外商资本金等。资本公积金是指企业接受捐赠、财产重估差价、资本折算差额和资本溢价等形成的公积金。接受捐赠资产是指地方政府社会团体或个人以及外商赠予企业货币或实物等财产而增加的企业资产。财产重估差价是指按国家规定对企业固定资产重新估价时，固定资产的重估价值与其账面值之间发生的差额。资本折算差额是指汇率不同引起的资本折算差价。

（2）资本溢价

资本溢价指在资金筹集过程中，投资者缴付的出资额超出资本金的差额，最典型的是发行股票的溢价净收入，即股票溢价收入扣除发行费用后的净额。

2.借入资金

借入资金即企业对外筹措的资金，是指以企业名义从金融机构和资金市场借入，需要偿还的用于固定资产投资的资金。包括国内银行贷款、国际金融机构贷款、外国政府贷款、出口信贷、补偿贸易、发行债券等方式筹集的资金。

（二）项目资金筹措的基本要求

1.合理确定资金需要量，力求提高筹资效果

无论通过何种渠道、采取何种方法筹集资金，都应首先确定资金的需要量，资金不足会影响项目的生产经营和发展，资金过剩不仅是一种浪费，也会影响资金的使用效果。在实际工作中，必须采取科学的方法预测与确定未来资金的需要量，以便选择合适的渠道与方式筹集所需资金，这样，可以防止所筹资金不足或筹资过剩，提高资金的使用效果。

2.认真选择资金来源，力求降低资金成本

项目筹集资金可以采用的渠道和方式多种多样，不同渠道和方式筹资的难易程度、资金成本和风险各不一样。任何渠道和方式的筹资都要付出一定的代价，包括资金占用费（利息等）和资金筹集费（发行费等），因此，在筹资中，通常选择较经济方便的渠道和方式，以降低综合的资金成本。

3.适时取得资金，保证资金投放需要

筹集资金也有时间上的安排，这取决于投资的时间。合理安排筹资与投资，使其在时间上互相衔接，避免取得资金过早而造成投放前的闲置或取得资金滞后而耽误投资的有利时机。

4.适当维持自有资金比例，正确安排举债经营

所谓举债经营，是指项目通过借债开展生产经营活动。举债经营可以给项目带来一定的好处，因为借款利息可在所得税前列入成本费用，对项目净利润影响较小，

能够提高自有资金的使用效果。但负债的多少必须与自有资金和偿债能力的要求相适应,如负债过多,会发生较大的财务风险,甚至会因丧失偿债能力而面临破产。因此,项目法人既要利用举债经营的积极作用,又要避免可能产生的债务风险。

第二节　建设项目筹资渠道

通过投资体制的宏观管理、微观运行的一系列改革,我国在投资领域形成了以投资主体多元化、投资资金多渠道、投资方式多样化为特征的新格局,开辟了自筹资金、国内银行贷款、利用外资和利用长期金融市场上资金等多元化的融资渠道。建设项目筹资渠道是指项目资金的来源。总体上看,项目的资金来源有投入资金和借入资金,前者形成项目资本金,后者形成项目负债。

一、项目资本金制度

(一)项目资本金制度的实施范围

各种经营性固定资产投资项目,包括国有单位的基本建设、技术改造、房地产项目和集体投资项目,都必须首先落实资本金才能进行建设。

主要用财政预算内资金投资建设的公益性项目不实行资本金制度。

实行资本金制度的投资项目,在可行性研究报告中要就资本金筹措情况做出详细说明,包括出资方、出资方式、资本金来源及数额、资本金认缴进度等有关内容。上报可行性研究报告时需附有出资方承诺出资的文件,以实物、工业产权、非专利技术、土地使用权作价出资的,还需附有资产评估证明等有关材料。

计算资本金基数的总投资,是指投资项目的固定资产投资与铺底流动资金之和。投资项目资本金占总投资的比例,根据不同行业和项目的经济效益等因素确定,具体规定如下。

(1)交通运输、煤炭项目,资本金比例为35%及以上。

(2)钢铁、邮电、化肥项目,资本金比例为25%及以上。

(3)电力、机电、建材、化工、石油加工、有色、轻工、纺织、商贸及其他行业的项目,资本金比例为20%及以上。

投资项目资本金的具体比例,由负责项目审批单位根据投资项目的经济效益以及银行贷款意愿和评估意见等情况,在审批可行性研究报告时核定。经国家批准,对个别情况特殊的国家重点建设项目,可以适当降低资本金比例。

(二)项目资本金来源

投资者以货币方式缴纳的资本金,其资金来源如下。

(1)各级人民政府的财政预算内资金、国家批准的各种专项建设基金、经营性基本建设基金回收的本息、土地批租收入等。

（2）国家授权的投资机构及企业法人的所有者权益、企业折旧资金以及投资者按照国家规定从资金市场上筹措的资金。

（3）个人合法所有的资金。

（4）国家规定的其他可以用作投资项目资本金的资金。

对某些投资回报率稳定、收益可靠的基础设施和基础产业投资项目，以及经济效益好的竞争性投资项目，经国家批准，可以试行通过可转换债券或组建股份制公司发行股票方式筹措本金。

二、项目资本金

根据出资方的不同，项目资本金分为国家出资、法人出资和个人出资。根据国家法律、法规规定，建设项目可通过争取国家财政预算内投资、自筹投资、发行股票和利用外资直接投资等多种方式筹集资本金。

（一）国家预算内投资

国家预算内投资，简称国家投资，是指以国家预算资金为来源并列入国家计划的固定资产投资。国家预算内投资包括国家预算、地方财政、主管部门和国家专业投资拨给或委托银行贷给建设单位的基本建设拨款及中央基本建设基金，拨给企业单位的更新改造拨款，以及中央财政安排的专项拨款中用于基本建设的资金。国家预算内投资的资金一般来自国家税收，也有一部分来自国债收入。

国家预算内投资虽然占全社会固定资产总投资的比重较低，但它是能源、交通、原材料，以及国防科研、文教卫生行政事业建设项目投资的主要来源，对于整个投资结构的调整起着主导性的作用。

（二）自筹投资

自筹投资是指建设单位报告期收到的用于进行固定资产投资的上级主管部门、地方和单位、城乡个人的自筹资金。自筹投资占全社会固定资产投资总额的一半以上，已成为筹集建设项目资金的主要渠道。建设项目自筹资金来源必须正当，应上缴财政的各项资金和国家有指定用途的专款，以及银行贷款、信托投资、流动资金不可用于自筹投

（三）发行股票

股票是股份有限公司发放给股东作为已投资人股的证书和索取股息的凭证，是可作为买卖对象或质押品的有价证券。

（四）吸收国外资本直接投资

吸收国外资本直接投资主要有与外商合资经营、合作经营、合作开发及外商独资

经营等形式。国外资本直接投资方式的特点是不发生债权债务关系,但要让出一部分管理权,并且要支付一部分利润。

三、负债筹资

项目的负债是指项目承担的能够以货币计量且需要以资产或者劳务偿还的债务,它是项目筹资的重要方式,一般包括银行贷款、发行债券、设备租赁和借用国外资金等筹资渠道。

(一)银行贷款

银行贷款是银行利用信贷资金所发放的投资性贷款,是建设项目投资资金的重要组成部分。

(二)发行债券

债券是借款单位为筹集资金而发行的一种信用凭证,它证明持券人有权按期取得固定利息并到期收回本金。

(三)设备租赁

设备租赁是指出租人和承租人之间订立契约,由出租人应承租人的要求购买其所需的设备,在一定时期内供其使用,并按期收取租金。租赁期间设备的产权属出租人,用户只有使用权,且不得中途解约。期满后,承租人可从以下的处理方法中选择:将所租设备退还出租人、延长租期、加价购进所租设备、要求出租人更新设备、另定相约。

(四)借用国外资金

借用国外资金大致可分为外国政府贷款、国际金融组织贷款、国外商业银行贷款、国外金融市场上发行债券、吸收外国银行、企业和私人存款、利用出口信贷等途径。

第三节 资金成本计算与筹资决策

一、资金成本的概念及含义

(一)资金成本的一般含义

资金成本是指企业为筹集和使用资金而付出的代价。这里所说的资金成本,主要是指长期资金的成本,一般包括资金筹集成本和资金使用成本两部分。

(1)资金筹集成本,指在资金筹集过程中所支付的各项费用,如发行股票或债券支付的印刷费、发行手续费、律师费、资信评估费、公证费、担保费广告费等。

(2)资金使用成本,即资金占用费,是指占用资金而支付的费用。

资金筹集成本与资金使用成本是有区别的,前者是在筹借资金时一次支付的,在使用资金过程中不再发生,因此可作筹资费用的一项扣除,而后者是在资金使用过程中多次、定期发生的。

(二)资金成本的性质

资金成本是一个重要的经济范畴,它是在商品经济社会中由于资金所有权与资金使用权相分离而产生的。

(1)资金成本是资金使用者向资金所有者和中介机构支付的占用费和筹资费,作为资金的所有者,不会将资金无偿让给资金使用者去使用;而作为资金的使用者,也不能无偿地占用他人的资金,要为资金所有者暂时地丧失其使用价值而付出代价,即承担资金成本。

(2)资金成本与资金的时间价值既有联系、又有区别。资金的时间价值反映了资金随着其运动时间的不断延续而不断增值,是一种时间函数。而资金成本除可以看作是时间函数外,还可表现为资金占用额的函数。

(3)资金成本具有一般产品成本的基本属性,资金成本是企业的耗费,企业要为占用资金而付出代价、支付费用,而且这些代价或费用最终也要作为收益的扣除额来得到补偿。

(三)决定资金成本高低的因素

在市场经济环境中,多方面因素的综合作用决定着企业资金成本的高低,其中主要因素有总体经济环境、证券市场条件、企业内部的经营和融资状况、项目融资规模。

(1)总体经济环境。总体经济环境决定了整个经济中资本的供给和需求,以及预期通货膨胀的水平,总体经济环境变化的影响,反映在无风险报酬率上。如果货币需求增加,而供给没有相应增加,投资人便会提高其投资收益率,企业的资金成本就会上升;反之,则会降低其要求的投资收益率,使资金成本下降。如果预期通货膨胀水平上升,货币购买力下降,投资者也会提出更高的收益率来补偿预期的投资损失,导致企业资金成本上升。

(2)证券市场条件。证券市场条件影响证券投资的风险。如果某种证券的市场流动性不好,投资者想买进或卖出证券相对困难,变现风险加大,要求的收益率就会提高;或者虽然存在对某证券的需求,但其价格波动较大,投资的风险大,要求的收益率也会提高。

(3)企业内部的经营和融资状况。是指经营风险和财务风险的大小。

(4)项目融资规模。企业的融资规模大,资金成本较高。

(四)资金成本的作用

资金成本是企业财务管理中的一个重要概念,国际上将其列为一项"财务标准"。

企业都希望以最小的资金成本获取所需的资金数额,分析资金成本有助于企业选择筹资方案,确定筹资结构以及最大限度地提高筹资的效益。资金成本的主要作用如下。

(1)资金成本是选择资金来源、筹资方式的重要依据,企业筹集资金的方式多种多样,如发行股票、债券,银行借款等,不同的筹资方式,其资金成本也不尽相同。资金成本的高低可以作为比较各种筹资方式优缺点的一项依据,从而挑选最小的资金成本作为选择筹资方式的重要依据,但是不能把资金成本作为选择筹资方式的唯一依据。

(2)资金成本是企业进行资金结构决策的基本依据。企业的资金结构一般是由借入资金与自有资金结合而成的,如何寻求两者间的最佳组合,一般可通过计算综合资金成本作为企业决策的依据。

(3)资金成本是比较追加筹资方案的重要依据。企业为了扩大生产经营规模,增加所需资金,往往以边际资金成本作为依据。

(4)资金成本是评价各种投资项目是否可行的一个重要尺度。在评价投资方案是否可行时,一般以项目本身的投资收益率与其资金成本进行比较。如果投资项目的预期投资收益率高于资金成本,则是可行的;反之,如果预期投资收益率低于资金成本,则是不可行的。

(5)资金成本也是衡量企业整个经营业绩的一项重要标准;资金成本是企业从事生产经营活动必须挣得的最低收益率,企业无论以什么方式取得的资金,都要实现这一最低收益率,才能补偿企业因筹资而支付的所有费用,如果将企业的实际资金成本与相应的利润率进行比较,可以评价企业的经营业绩。

二、资金成本的计算

(一)资金成本计算的一般形式

资金成本可用绝对数表示,也可用相对数表示。为便于分析比较,资金成本一般用相对数表示,称之为资金成本率,其一般计算公式为:

$$K = \frac{D}{P - F}$$

$$K = \frac{D}{P(1 - f)}$$

式中:K 为资金成本(率);P 为筹集资金总额;D 为使用费;F 为筹资费;f 为筹资费率(即筹资费占筹集资金总额的比率)。

资金成本是选择资金来源、拟定筹资方案的主要依据,也是评价投资项目的主要经济指标。

（二）各种资金来源的资金成本

1.权益融资成本

（1）优先股成本。公司发行优先股股票筹资,需支付的筹资费有注册费、代销费等,其股息也要定期支付,但它是公司用税后利润来支付的,不会减少公司应上缴的所得税。

（2）普通股成本。确定普通股资金成本的方法有股利增长模型法和资本金定价模型法。

（3）保留盈余成本。保留盈余又称留存收益,其所有权属于股东,是企业资金的一种重要来源,企业保留盈余,等于股东对企业进行追加投资。

2.负债融资成本

（1）债券成本。企业发行债券后,所支付的债券利息列入企业的费用开支,因而使企业少缴一部分所得税。

（2）银行借款成本。向银行借款,企业所支付的利息和费用一般可作企业的费用开支,相应减少部分利润,会使企业少缴一部分所得税,因而使企业的实际支出相应减少。

（3）租赁成本。企业租入某项资产,获得其使用权,要定期支付租金,并且租金列入企业成本,可以减少应付所得税。

三、筹资决策

最佳的筹资方案是指即使企业达到最佳资本结构、资金成本较低,又可以使企业所面临的风险较小(处于企业可承受的范围内)的筹资方案。因此,在进行筹资决策时,应同时考虑风险与资本结构对项目的影响。

（一）经营风险和财务风险

1.经营风险

经营风险指企业由经营上的原因导致利润变动的风险。影响企业经营风险的因素很多,主要如下。

（1）产品需求。市场对企业产品的需求越稳定,经营风险就越小;反之,经营风险就越大。

（2）产品售价。产品售价变动不大,经营风险则小;否则,经营风险就大。

（3）产品成本。产品成本是收入的抵减,成本不稳定,会导致利润不稳定。因此,产品成本变动大的,经营风险就大;反之,经营风险就小。

（4）调整价格的能力。当产品成本变动时,若企业具有较强的调整价格的能力,经营风险就小;反之,经营风险则大。

（5）固定成本的比重。在企业全部成本中,固定成本所占比重较大时,单位产品分摊的固定成本就多。若产品量发生变动,单位产品分摊的固定成本会随之变动,最后导致利润更大幅度的变动,经营风险就大;反之,经营风险就小。

2.财务风险

一般地,企业在经营中总会发生借入资金、企业负债经营,无论利润多少,债务利息都是不变的。于是,当利润增大时,每单位货币利润所负担的利息就会相对减少,从而使投资者收益有更大幅度的提高。

财务风险是指全部资本中债务资本比率的变化带来的风险,当债务资本比率较高时,投资者将负担较多的债务成本,并经受较多的负债作用所引起的收益变动的冲击,从而加大财务风险;反之,当债务资本比率较低时,财务风险就小。

(二)资本结构

资本结构是指企业各种长期资金筹集来源的构成和比例关系。短期资金的需要量和筹集是经常变化的,且在整个资金总量中所占比重不稳定,因此不列入资本结构管理范围,而作为营运资金管理。通常情况下,企业的资本结构由长期债务资本和权益资本构成。资本结构指的就是长期债务资本和权益资本各占多大比例。

资本结构是否合理可通过分析每股收益的变化来衡量,能提高每股收益的资本结构就是合理的。由经营杠杆和财务杠杆的分析可知,每股收益的高低受资本结构和销售水平的影响,处理以上三者的关系,可用融资的每股收益分析的方法。

(三)最佳资本结构

用每股收益的高低作为衡量标准对筹资方式进行选择,其缺陷在于没有考虑风险因素。从根本上讲,财务管理的目标在于追求公司价值的最大化或股份最大化。然而,只有在风险不变的情况下,每股收益的增长才会直接导致股价的上升,实际上经常是随着每股收益的增长,风险也加大。如果每股收益的增长不足以补偿风险增加所需的报酬,尽管每股收益增加,股价仍然会下降。因此,公司的最佳资本结构应当是可使公司的价值最高,而不一定是每股收益最大的资本结构。同时,在公司总价值最大的资本结构下,公司的资金成本也是最低的。

第四节　项目融资方式

一、项目融资的概念和特点

(一)项目融资的概念

融资是指为项目投资而进行的资金筹措行为,通常有广义和狭义两种解释。

从广义上理解,所有的筹资行为都是融资,包括在前文已经述及的各种方式,但从狭义上理解,项目融资就是通过项目来融资,也可以说是以项目的资产、收益作抵押来融资。具体地讲,项目融资就是在向一个具体的经济实体提供贷款时,贷款方首先查看该经济实体的现金流量和收益,将其视为偿还债务的资金来源,并将该经济实体的资产视为这笔贷款的担保物,若对这两点感到满意,则贷款方同意贷款。

(二)项目融资的特点

从项目融资与传统贷款方式的比较中可以看出,项目融资有以下一些基本特点。

1.项目导向

资金来源主要依赖项目的现金流量,而不是依赖项目的投资者或发起人的资信来安排融资。贷款银行在项目融资中的注意力主要放在项目在贷款期间能够产生多少现金流量用于还款,贷款的数量、融资成本的高低以及融资结构的设计都是与项目的预期现金流量和资产价值直接联系在一起的。

有些对于投资者很难借到的资金则可以利用项目来安排,有些投资者很难得到的担保条件则可以通过组织项目融资实现。

2.有限追索

追索是指在借款人未按期归还债务时,贷款人要求借款人用除抵押财产外的其他资产偿还债务的权利。

3.风险分担

一个成功的项目融资结构应该是在项目中没有任何一方单独承担起全部项目债务的风险责任。

4.非公司负债型融资

非公司负债型融资,也称为资产负债表之外的融资,是指项目的债务不表现在项目投资者(实际借款人)的公司资产负债表中的一种融资形式。

5.信用结构多样化

在项目融资中,用于支持贷款的信用结构的安排是灵活和多样化的。项目融资的框架结构由四个基本模块组成,即项目投资结构、项目融资结构项目资金结构和项目的信用保证结构。

二、项目融资的阶段与步骤

从项目的投资决策起,到选择项目融资方式为项目建设筹集资金,最后到完成该项目融资为止,大致可分为五个阶段,即投资决策分析、融资决策分析、融资结构分析、融资谈判和项目融资的执行。

(一)投资决策分析

在多数情况下,项目投资决策是与项目能否融资以及如何融资紧密联系在一起的。投资者在决定项目投资结构时需要考虑的因素很多,其中主要包括项目的产权形式、产品分配方式、决策程序、债务责任、现金流量控制、税务结构和会计处理等方面的内容。

（二）融资决策分析

在融资决策分析阶段,项目投资者将决定采用何种融资方式为项目开发筹集资金,是否采用项目融资,取决于投资者对债务责任分担上的要求、贷款资金数量上的要求、时间上的要求、融资费用上的要求,以及诸如债务会计处理等方面的综合评价。

（三）融资结构分析

设计项目融资结构的一个重要步骤是完成对项目风险的分析和评估,对于银行和其他债权人而言,项目融资的安全性来自两个方面:一方面来自项目本身的经济强度,另一方面来自项目之外的各种直接或间接的担保。

（四）融资谈判

在初步确定了项目融资的方案之后,融资顾问将有选择地向商业银行或其他一些金融机构发出参加项目融资的建议书,进行融资谈判。

（五）项目融资的执行

在正式签署项目融资的法律文件之后,融资的组织安排工作就结束了,项目融资将进入执行阶段。在传统的融资方式中,一旦进入贷款的执行阶段,借贷双方的关系就变得相对简单明了,借款人只要求按照贷款协议的规定提款和偿还贷款的利息和本金。贷款银行通过其经理人将会经常地监督项目的进展,根据融资文件的规定,参与部分项目的决策程序,管理和控制项目的贷款资金投入和部分现金流量。

三、项目融资的方式

项目融资可以采用很多方式,如产品支付、远期购买以及融资租赁等。在众多方式中,BOT方式逐渐成熟并使用较多。

BOT,即英文 build（建设）、operate（经营）、transfer（移交）三个单词的缩写,代表着一个完整的项目融资的概念。

BOT方式的主要优点如下。

（1）大资金来源,政府能在资金缺乏的情况下利用外部资金建设一些基础设施项目。

（2）提高项目管理的效率,增加国有企业人员对外交往的经验及提高管理水平。

（3）发展中国家可吸收外国投资,引进国外先进技术。

BOT融资方式有时也被称为"公共工程特许权",通常所说的BOT至少包括以下三种具体形式。

标准BOT（build—operate—transfer）,即建设—经营—移交。私人财团或国外财团愿意自己融资,建设某项基础设施,并在东道国政府授予的特许期内经营该公共设施,以经营收入抵偿建设投资,并获得一定收益,经营期满后将此设施移交给东道国政府。

BOOT(build—own—operate—transfer),即建设—拥有—经营—移交。BOOT 与 BOT 的区别在于 BOOT 在特许期内既拥有经营权,又拥有所有权。此外,BOOT 的特许期要比 BOT 的长一些。

BOO(build—own—operate),即建设—拥有—经营。该方式特许承包商根据政府的特许权建设并拥有某项基础设施,但最终不将该基础设施移交给东道国。

以上三种方式可统称 BOT 方式,也可称为广义的 BOT 方式。

除上述三种方式外,还有 TOT 方式、PFI 方式等。

第六章 水利工程项目划分及其费用组成

第一节 水利工程项目划分

根据水利工程性质,其工程项目分别按枢纽工程、引水工程和河道工程划分,工程各部分下设一级、二级、三级项目。

一、一级项目

一级项目是指具有独立功能的单项工程,相当于扩大单位工程。

(1)枢纽工程下设的一级项目有挡水工程、泄洪工程、引水工程、发电厂(泵站)工程、升压变电站工程、航运工程、鱼道工程、交通工程、房屋建筑工程、供电设施工程和其他建筑工程。

(2)引水工程下设的一级项目为渠(管)道工程、建筑物工程、交通工程、房屋建筑工程、供电设施工程和其他建筑工程。

(3)河道工程下设的一级项目为河湖整治与堤防工程、灌溉工程及田间工程、建筑物工程、交通工程、房屋建筑工程、供电设施工程和其他建筑工程。

编制概估算时视工程具体情况设置项目,一般应按项目划分的规定来设置项目,不宜合并。

二、二级项目

二级项目相当于单位工程。例如,枢纽工程一级项目中的挡水工程,其二级项目划分为混凝土坝(闸)、土(石)坝等工程;引水工程一级项目中的建筑物工程,其二级项目划分为泵站(扬水站、排灌站)、水闸工程、渡槽工程、隧洞工程;河道工程一级项目中的建筑物工程,其二级项目划分为水闸工程、泵站工程(扬水站、排灌站)和其他建筑物。

三、三级项目

三级项目相当于分部分项工程。例如,上述二级项目下设的三级项目为土方开挖、石方开挖、混凝土、模板、防渗墙、钢筋制安、混凝土温控措施、细部结构工程等。三级项目要按照施工组织设计提出的施工方法进行单价分析。

二、三级项目中,仅列示了代表性子目,编制概算时,二、三级项目可根据水利工程初步设计阶段的工作深度要求对工程情况进行增减。以三级项目为例,下列项目宜做必要的再划分。

(1)土方开挖工程。土方开挖工程应将土方开挖与砂砾石开挖分列。

(2)石方开挖工程。石方开挖工程应将明挖与暗挖,平洞与斜井、竖井分列。

(3)土石方回填工程。土石方回填工程应将土方回填与石方回填分列。

(4)混凝土工程。混凝土工程应将不同工程部位、不同强度等级、不同级配的混凝土分列。

(5)模板工程。模板工程应将不同规格形状和材质的模板分列。

(6)砌石工程。砌石工程应将干砌石、浆砌石、抛石、铅丝(钢筋)笼块石等分列。

(7)钻孔工程。钻孔工程应按使用不同的钻孔机械及钻孔的不同用途分列。

(8)灌浆工程。灌浆工程应按不同的灌浆种类分列。

(9)机电、金属结构设备及安装工程。机电、金属结构设备及安装工程应根据设计提供的设备清单,按分项要求逐一列出。

(10)钢管制作及安装工程。钢管制作及安装工程应将不同管径的钢管、叉管分列。

对于招标工程,应根据已批准的初步设计概算,按水利工程业主预算的项目划分进行业主预算(执行概算)的编制。

四、水利工程项目划分注意事项

(1)现行的项目划分适用于估算、概算和施工图预算。对于招标文件和业主预算,要根据工程分标及合同管理的需要来调整项目划分。

(2)建筑安装工程三级项目的设置深度除应满足《水利工程设计概(估)算编制规定》的规定外,还必须与所采用定额相一致。

(3)对有关部门提供的工程量和预算资料,应按项目划分和费用构成正确处理。如施工临时工程,按其规模、性质,有的应在第四部分"施工临时工程"第一项至第四项中单独列项,有的包括在"其他施工临时工程中"不单独列项,还有的包括在建筑安装工程直接费中的其他直接费内。

(4)注意设计单位的习惯与概算项目划分的差异。如施工导流用的闸门及启闭设备大多由金属结构设计人员提供,但应列在第四部分"施工临时工程"内,而不是第三部分"金属结构"内。

第二节　水利工程的费用构成

一、概述

(一)建筑及安装工程费

建筑及安装工程费由以下几种费用组成。

(1)直接费,包括基本直接费、其他直接费。

(2)间接费,包括规费、企业管理费。

(3)利润。

(4)材料补差。

(5)税金,包括营业税、城乡维护建设税、教育费附加(含地方教育附加)。

(二)设备费

设备费由设备原价、运杂费、运输保险费、采购及保管费组成。

(三)独立费用

独立费用由建设管理费、工程建设监理费、联合试运转费、生产准备费、科研勘测设计费和其他组成。

(四)预备费

预备费包括两种,即基本预备费和价差预备费。

(五)建设期融资利息

建设期融资利息是指在建设过程中通过融资手段获取资金所要支付的利息。

二、建筑及安装工程费

建筑及安装工程费由直接费、间接费等组成。

(一)直接费

直接费是指建筑安装工程施工过程中直接消耗在工程项目上的活劳动和物化劳动,由基本直接费和其他直接费组成。基本直接费包括人工费、材料费、施工机械使用费。其他直接费包括冬雨季施工增加费、夜间施工增加费、特殊地区施工增加费、临时设施费、安全生产措施费和其他费用。

1.基本直接费

(1)人工费

人工费是指直接从事建筑安装工程施工的生产工人开支的各项费用,具体如下。

①基本工资。基本工资由岗位工资和生产工人年应工作天数以内非作业天数工资组成。

岗位工资是指按照职工所在岗位的各项劳动要素测评结果确定的工资。

生产工人年应工作天数以内非作业天数的工资包括生产工人开会学习、培训期间的工资,调动工作、探亲、休假期间的工资,因气候影响的停工工资,女工哺乳期间的工资,病假在六个月以内的工资及产、婚、丧假期的工资。

②辅助工资。辅助工资是指在基本工资之外,以其他形式支付给生产工人的工资性收入,包括根据国家有关规定属于工资性质的各种津贴,主要包括艰苦边远地区津贴、施工津贴、夜餐津贴、节假日加班津贴等。

(2)材料费

材料费是指用于建筑安装工程项目上的消耗性材料、装置性材料和周转性材料的摊销费。材料预算价格一般包括材料原价、运杂费、运输保险费和采购及保管费四项。

①材料原价是指材料指定交货地点的价格。

②运杂费是指材料从指定交货地点至工地分仓库或相当于工地分仓库(材料堆放场)所发生的全部费用,包括运输费、装卸费及其他杂费。

③运输保险费是指材料在运输途中的保险费。

④采购及保管费是指材料在采购、供应和保管过程中所发生的各项费用,主要包括材料的采购、供应和保管部门工作人员的基本工资、辅助工资、职工福利费、劳动保护费、养老保险费、失业保险费、医疗保险费、工伤保险费、生育保险费、住房公积金、教育经费、办公费、差旅交通费及工具用具使用费;仓库、转运站等设施的检修费、固定资产折旧费、技术安全措施费;材料在运输、保管过程中发生的损耗费等。

(3)施工机械使用费

施工机械使用费是指消耗在建筑安装工程项目上的机械磨损、维修和动力燃料费用等,包括折旧费、修理及替换设备费、安装拆卸费、机上人工费和动力燃料费等。

①折旧费指施工机械在规定使用年限内回收原值的台时折旧摊销费用。

②修理及替换设备费。修理费指施工机械使用过程中,为了使机械保持正常功能而进行修理所需的摊销费用和机械正常运转及日常保养所需的润滑油料、擦拭用品的费用,以及保管机械所需的费用。替换设备费指施工机械正常运转时所耗用的替换设备及随机使用的工具附具等摊销费用。

③安装拆卸费是指施工机械进出工地的安装、拆卸、试运转和场内转移及辅助设施的摊销费用。部分大型施工机械的安装拆卸不在其施工机械使用费中,包含在其他施工临时工程中。

④机上人工费是指施工机械使用时机上操作人员的人工费用。

⑤动力燃料费是指施工机械正常运转时所耗用的风、水、电、油和煤等费用。

2.其他直接费

(1)冬雨期施工增加费

冬雨期施工增加费是指在冬雨季施工期间为保证工程质量所需增加的费用,包括增加施工工序,增设防雨、保温、排水等设施增耗的动力、燃料、材料以及因人工、机械效率降低而增加的费用。

(2)夜间施工增加费

夜间施工增加费是指施工场地和公用施工道路的照明费用。照明线路工程费用包括在"临时设施费"中;施工附属企业系统、加工厂、车间的照明费用列入相应的产品中,均不包括在本项费用之内。

(3)特殊地区施工增加费

特殊地区施工增加费是指在高海拔、原始森林、沙漠等特殊地区施工而增加的费用。

(4)临时设施费

临时设施费是指施工企业为进行建筑安装工程施工所必需的但又未被划入施工临时工程的临时建筑物、构筑物和各种临时设施的建设、维修、拆除、摊销等。例如,供风、供水(支线)、供电(场内)、照明、供热系统及通信支线,土石料场,简易砂石料加工系统,小型混凝土拌和浇筑系统,木工、钢筋、机修等辅助加工厂,混凝土预制构件厂,场内施工排水,场地平整、道路养护及其他小型临时设施等。

(5)安全生产措施费

安全生产措施费是指为保证施工现场安全作业环境及施工安全、文明施工的需要,在工程设计已考虑的安全支护措施之外发生的安全生产、文明施工相关费用。

(6)其他费用

其他费用包括施工工具用具使用费、检验试验费、工程定位复测及施工控制网测设、工程点交竣工场地清理、工程项目及设备仪表移交生产前的维护费、工程验收检测费等。

①施工工具用具使用费是指施工生产所需,但不属于固定资产的生产工具,检验、试验用具等的购置、摊销和维护费。

②检验试验费是指对建筑材料、构件和建筑安装物进行一般鉴定、检查所发生的费用,包括自设实验室所耗用的材料和化学药品费用,以及技术革新和研究试验费,不包括新结构、新材料的试验费和建设单位要求对具有出厂合格证明的材料进行试验、对构件进行破坏性试验,以及其他特殊要求检验试验的费用。

③工程项目及设备仪表移交生产前的维护费是指竣工验收前对已完工程及设备进行保护所需的费用。

④工程验收检测费是指工程各级验收阶段为检测工程质量发生的检测费用。

(二)间接费

间接费是指施工企业为建筑安装工程施工而进行组织与经营管理所发生的各项费用。间接费构成产品成本,由规费和企业管理费组成。

1.规费

规费是指政府和有关部门规定必须缴纳的费用,包括社会保险费和住房公积金。

(1)社会保险费

①养老保险费,指企业按照规定标准为职工缴纳的基本养老保险费。

②失业保险费,指企业按照规定标准为职工缴纳的失业保险费。

③医疗保险费,指企业按照规定标准为职工缴纳的基本医疗保险费。

④工伤保险费,指企业按照规定标准为职工缴纳的工伤保险费。

⑤生育保险费,指企业按照规定标准为职工缴纳的生育保险费。

(2)住房公积金

住房公积金是指企业按照规定标准为职工缴纳的住房公积金。

2.企业管理费

企业管理费是指施工企业为组织施工生产和经营管理活动所发生的费用,具体包括以下几部分。

(1)管理人员工资。管理人员工资是指管理人员的基本工资、辅助工资。

(2)差旅交通费。差旅交通费是指施工企业管理人员因公出差、工作调动的差旅费午餐补助费,职工探亲路费,劳动力招募费,职工离退休、退职一次性路费,工伤人员就医路费,工地转移费,交通工具运行费及牌照费等。

(3)办公费。办公费是指企业办公用文具、印刷、邮电、书报、会议、水电、燃煤(气)等费用。

(4)固定资产使用费。固定资产使用费是指企业属于固定资产的房屋、设备、仪器等的折旧、大修理、维修费或租赁费等。

(5)工具用具使用费。工具用具使用费是指企业管理使用不属于固定资产的工具、用具、家具、交通工具和检验、试验、测绘、消防用具等的购置、维修和摊销费。

(6)职工福利费。职工福利费是指企业按照国家规定支出的职工福利费,以及由企业支付离退休职工的易地安家补助费、职工退职金、六个月以上的病假人员工资、按规定支付给离休干部的各项经费。职工发生工伤时企业依法在工伤保险基金之外支付的费用,以及其他在社会保险基金之外依法由企业支付给职工的费用。

(7)劳动保护费。劳动保护费是指企业按照国家有关部门的规定标准发放的一般劳动防护用品的购置及修理费、保健费、防暑降温费、高空作业及进洞津贴、技术安全措施费,以及洗澡用水、饮用水的燃料费等。

(8)工会经费。工会经费是指企业按职工工资总额计提的工会经费。

(9)职工教育经费。职工教育经费是指企业为职工学习先进技术和提高文化水平按职工工资总额计提的费用。

(10)保险费。保险费是指企业财产保险、管理用车辆等保险费用,高空、井下、洞内、水下、水上作业等特殊工种安全保险费,危险作业意外伤害保险费等。

(11)财务费用。财务费用是指施工企业为筹集资金而发生的各项费用,包括企业经营期间发生的短期融资利息净支出、汇兑净损失、金融机构手续费,以及投标和承包工程所发生的保函手续费等。

(12)税金。税金是指企业按规定交纳的房产税、管理用车辆使用税、印花税等。

(13)其他。其他包括技术转让费、企业定额测定费、施工企业进退场费、施工企业承担的施工辅助工程设计费、投标报价费、工程图纸资料费及工程摄影费、技术开发费、业务招待费、绿化费、公证费、法律顾问费、审计费、咨询费等。

三、独立费用

独立费用由建设管理费、工程建设监理费、联合试运转费、生产准备费、科研勘测设计费和其他费用六项组成。

(一)建设管理费

建设管理费指建设单位在工程项目筹建和建设期间进行管理工作所需的费用,包括建设单位开办费、建设单位人员费和项目管理费三项。

1.建设单位开办费

建设单位开办费是指新组建的工程建设单位为开展工作所必须购置的办公设施、交通工具等,以及其他用于开办工作的费用。

2.建设单位人员费

建设单位人员费是指建设单位从批准组建之日起至完成该工程建设管理任务之日止,需开支的建设单位人员费,主要包括工作人员的基本工资、辅助工资、职工福利费、劳动保护费、养老保险费、失业保险费、医疗保险费、工伤保险费、生育保险费、住房公积金等。

3.项目管理费

项目管理费是指建设单位从筹建到竣工期间所发生的各种管理费用,具体如下。

(1)工程建设过程中用于资金筹措、召开董事(股东)会议、视察工程建设所发生的会议和差旅等费用。

(2)工程宣传费。

(3)城镇土地使用税、房产税、印花税、合同公证费。

(4)审计费。

（5）施工期间所需的水情、水文、泥沙、气象监测费和报汛费。

（6）工程验收费。

（7）建设单位人员的教育经费、办公费、差旅交通费、会议费、交通车辆使用费、技术图书资料费、固定资产折旧费、零星固定资产购置费、低值易耗品摊销费、工具用具使用费、修理费、水电费、采暖费等。

（8）招标业务费。

（9）经济技术咨询费，包括勘测设计成果咨询、评审费，工程安全鉴定、验收技术鉴定、安全评价相关费用，建设期造价咨询费，防洪影响评价费，水资源论证、工程场地地震安全性评价、地质灾害危险性评价及其他专项咨询等发生的费用。

（10）公安、消防部门派驻工地补贴费及其他工程管理费用。

（二）工程建设监理费

工程建设监理费指建设单位在工程建设过程中委托监理单位对工程建设的质量、进度、安全和投资进行监理所发生的全部费用。

（三）联合试运转费

联合试运转费指水利工程的发电机组、水泵等安装完毕，在竣工验收前，进行整套设备带负荷联合试运转期间所需的各项费用，主要包括联合试运转期间所消耗的燃料、动力、材料及机械使用费，工具用具购置费，施工单位参加联合试运转人员的工资等。

（四）生产准备费

生产准备费指水利建设项目的生产、管理单位为准备正常的生产运行或管理发生的费用，包括生产及管理单位提前进厂费、生产职工培训费、管理用具购置费、备品备件购置费和工器具及生产家具购置费。

1. 生产及管理单位提前进厂费

生产及管理单位提前进厂费是指在工程完工之前，生产、管理单位的一部分工人、技术人员和管理人员提前进厂进行生产筹备工作所需的各项费用。其内容包括提前进厂人员的基本工资、辅助工资、职工福利费、劳动保护费、养老保险费、失业保险费、医疗保险费、工伤保险费、生育保险费、住房公积金、教育经费、办公费、差旅交通费、会议费、技术图书资料费、零星固定资产购置费、低值易耗品摊销费、工具用具使用费、修理费、水电费、采暖费等，以及其他属于生产筹建期间应开支的费用。

2. 生产职工培训费

生产职工培训费指生产及管理单位为保证生产、管理工作顺利进行，对工人、技术人员和管理人员进行培训所发生的费用。

3. 管理用具购置费

管理用具购置费指为保证新建项目的正常生产和管理所必须购置的办公和生活

用具等费用,包括办公室、会议室、资料档案室、阅览室、文娱室、医务室等公用设施需要配置的家具器具的购置费。

4.备品备件购置费

备品备件购置费指工程在投产运行初期,因保护易损件损耗和预防可能发生的事故,而必须准备的备品备件和专用材料的购置费。这里不包括设备价格中配备的备品备件。

5.工器具及生产家具购置费

工器具及生产家具购置费指按设计规定,为保证初期生产正常运行所必须购置的不属于固定资产标准的生产工具、器具、仪表、生产家具等的购置费。这里不包括设备价格中已包括的专用工具。

(五)科研勘测设计费

科研勘测设计费指工程建设所需的科研、勘测和设计等费用,包括工程科学研究试验费和工程勘测设计费。

1.工程科学研究试验费

工程科学研究试验费指为保障工程质量,解决工程建设技术问题,而进行必要的科学研究试验所需的费用。

2.工程勘测设计费

工程勘测设计费指工程从项目建议书阶段开始至以后各设计阶段发生的勘测费、设计费和为勘测设计服务的常规科研试验费,不包括工程建设征地移民设计、环境保护设计、水土保持设计各设计阶段发生的勘测设计费。

(六)其他费用

1.工程保险费

工程保险费指工程建设期间,为使工程能在遭受水灾、火灾等自然灾害和意外事故造成损失后得到经济补偿,而对工程进行投保所发生的保险费用。

2.其他税费

其他税费指按国家规定应缴纳的与工程建设有关的税费。

四、预备费及建设期融资利息

(一)预备费

预备费包括基本预备费和价差预备费。

1.基本预备费

基本预备费,主要为解决在工程建设过程中,设计变更相关技术标准调整增加的投资以及工程遭受一般自然灾害所造成的损失和为预防自然灾害所采取的措施费用。

2.价差预备费

价差预备费,主要为解决在工程建设过程中,因人工工资、材料和设备价格上涨以及费用标准调整而增加的投资。

(二)建设期融资利息

根据国家财政金融政策规定,工程在建设期内需偿还并应计入工程总投资的融资利息。

第三节 水利建设单位建设成本管理

一、水利建设单位建设成本管理说明

(一)制定水利基本建设单位建设成本管理办法的必要性

建设成本是反映基本建设投资效果的综合性指标,成本管理是水利基本建设单位财务管理的核心内容,建设单位在财务管理的各个环节、各个方面都要紧紧围绕降低建设成本、提高投资效益这一中心任务开展工作。国家对建设管理体制进行了一系列改革,实行了项目法人责任制、招标投标制、工程监理制、合同管理制,其主要目的也是进一步降低建设成本,提高投资效益。

从水利基本建设单位成本管理的现状看,成本核算不实、控制不力、乱挤乱占的现象时有发生,在部分基层建设单位仍普遍存在。究其原因,既有人们长期形成的重投资、轻管理,重规模、轻核算的思想观念,也有成本管理制度不健全,落实不到位的影响,这些因素导致建设成本约束软化。因此,建立和完善成本管理制度,具有重要的现实意义。

(二)制定水利基本建设单位建设成本管理办法的原则

1.合法性原则

水利基本建设单位建设成本管理办法,是建设单位的内部管理制度,应当符合并严格执行国家的有关法律、法规,体现国家的有关方针、政策,不得超出自身的职能范围,不得超出财经法规允许的范围和界限,各项基本建设支出要遵守现行的财务规章制度。

2.适应性原则

建设成本管理办法要与具体的水利基本建设项目相适应,符合建设项目的实际情况。一是要适合项目的特点。水利基本建设项目的规模有大型项目、中型项目和小型项目,类型有水库、水电站等枢纽工程和堤防、疏浚等其他工程。即使是同规模、同类型的水利基本建设项目,其组织结构、管理方式、成本控制方法等也会有所区别。

因此,制定成本管理办法要体现项目的特点。二是适合成本核算对象的特点。建筑工程、安装工程、设备、管理费用等各个成本项目,均有不同的性质和用途,与此相适应,对其管理和控制的方法应有所区别。

3.规范性原则

建设成本管理办法应当起到规范水利基本建设项目建设成本的作用。一方面,建设成本管理办法的内容要全面,要涵盖与建设成本直接相关的各方面、各环节的工作,不能顾此失彼;另一方面,建设成本管理办法的内容要科学,不能与基本的原理和要求相违背。

4.经济原则

制定成本管理办法的目的是有效地降低工程造价,规范成本管理。因此,在设置具体的控制手段时,必须考虑经济的原则,具有实用性。人为地搞一些华而不实的烦琐手续,经济效果不大,甚至得不偿失。一是要贯彻"例外管理"的原则,对正常成本费用支出可以从简控制,格外关注各种例外情况。如超出预算的支出,脱离标准和市场正常水平的重大差异等。二是要贯彻重要性原则,把注意力集中于重要事项,对成本数额很小的费用项目或无关大局的事项可以从略。如对大型项目而言,要更多地关注价款结算、设备购置等重要的经济事项。三是要具有灵活性,面对预见不到的情况,办法仍能发挥应有的作用。

(三)水利基本建设单位建设成本管理办法的结构体系

1.建设成本的概念和任务

(1)建设成本的内容

建设成本包括建筑安装工程投资、设备投资、待摊投资和其他投资四个部分。

(2)成本管理的任务

成本管理的任务是控制支出,监督和分析开支情况,降低造价,提高投资效益。

2.成本开支范围和内容

(1)建筑工程支出

建筑工程的支出包括房屋和建筑物、设备附着物、道路建筑工程、水利工程支出、拆除和整理等。

(2)安装工程支出

安装工程的支出包括设备装配、设备单机试运转和系统联动无负荷试运转等。

(3)设备投资支出

设备投资的支出包括需要安装设备、不需要安装设备、为生产准备的低于固定资产标准的工具和器具等。

(4)待摊投资支出

待摊投资的支出有建设单位管理费、临时设施费等。

（5）其他投资支出

其他投资支出,如房屋购置和林木等的购置、培育以及无形资产和递延资产等。

3.成本核算

（1）确定成本核算对象。大型项目,包括单位工程和费用明细项目;中小型项目,包括单项工程和费用明细项目。

（2）权责发生制。权责发生制是成本的确认标准。

（3）完全成本法。在规定的开支范围和标准内,都应全部纳入建设成本。

（4）待摊费用的分摊。待摊费用的分摊要公平、合理。

（5）实际成本的核算原则。

4.成本控制

（1）建立成本管理责任制,实行分工归口管理。

（2）建立财务预算管理制度,对建设成本实行预算控制。

（3）标准成本控制,严格执行项目概（预）算。

（4）多方案选择的原则:选择价值系数较高的施工方案。

（5）成本管理的基础工作:原始记录、定额管理等。

（6）列支建设成本的程序要求:遵守基本建设管理程序,履行必要的审批手续。

（7）遵守开支范围和开支标准。

（8）划清各项费用界限,明确不得列入建设成本的支出事项。

（9）列支成本时应注意的问题。

（10）成本考核。

（四）水利建设单位建设成本管理应注意的问题

（1）建立灵活的成本控制体系。要充分考虑到市场环境的改变对成本控制的影响,应当不断地对目前所采用的各种控制方法进行可行性和符合性的评审,以确保这些方法一直保持合理有效。

（2）建设成本的管理和控制具有较强的综合性,应根据分工归口管理的原则,建立成本管理制度,使各职能部门都来加强成本的控制与监督。不宜将成本控制的职责局限在财务部门,导致责任部门范围太窄。

（3）"预付工程款"和"预付备料款"反映建设单位按规定预先支付施工单位的进度和备料款,不是项目建设成本的组成部分,需通过工程价款结算从应付工程款中扣回。建设单位预付和尚未抵扣的款项不得列入建设成本。

（4）建设单位应定期组织有关人员对项目建设成本进行对比分析。按照成本核算对象,对应项目概算、财务预算等,对成本水平、成本结构、成本变动状况及其影响因素进行综合分析。通过对比分析,查找差异和分析差异成因,提出控制和降低成本的途径和措施。

（5）加强对未完工程及竣工验收费用的管理。此项费用是指建设项目符合国家规定的竣工验收条件，但尚有部分尾工未完成，为及时办理竣工财务决算，将该费用通过预提的方式纳入竣工财务决算。在具体管理过程中，必须注意三个方面的问题：一是按比例控制，大中型项目须控制在总概算的3%以内，小型项目须控制在5%以内；二是项目竣工验收时，建设单位应将未完工程及费用的详细情况提交竣工验收委员会确认，防止在预列时的高估冒算；三是对此项工程及费用在完成时要及时进行验收和清算。

（6）核算是管理的前提，建设单位要切实加强和规范对建设成本的会计核算。特别是在确定成本核算对象时，要尽量考虑并满足编制竣工财务决算的要求。在建账时，设置的会计账簿，尤其是明细账目要与项目概算的明细项目基本吻合，形成对应关系，做到成本项目与概算在口径上基本保持一致。

（7）建立成本管理的激励和约束机制，将成本的完成情况和对职工的奖惩挂钩，以调动职工降低成本的主动性和自觉性。

（8）各建设单位在使用本办法时，要深入研究项目特点，对办法进行必要的调整、补充，如在成本管理责任制、成本核算对象、基础工作、审批程序等方面结合本单位的实际情况，进一步予以细化，以体现更强的针对性。

二、水利建设单位建设成本管理示例

×××(水利建设单位)建设成本管理办法

第一章　总则

第一条　为加强水利基本建设成本管理，节约基本建设资金，提高投资效益，根据国家有关规定并结合水利基本建设单位的实际情况，制定本办法。

第二条　水利基本建设单位成本管理的任务是，根据项目概算、基本建设支出预算，合理、有效地使用水利基本建设资金，控制建筑工程费、安装工程费、设备费和其他费用性支出，监督和分析建设成本的开支情况，努力降低工程造价，提高投资效益。

第三条　建设成本是指计入交付使用资产价值的各项投资支出。建设成本按照费用支出的用途，可划分为四类：建筑安装工程投资支出、设备投资支出、待摊投资支出和其他投资支出。

第二章　成本开支范围和内容

第四条　建筑安装工程投资支出是指建设单位按项目概算内容发生的建筑工程和安装工程的实际成本，其中不包括被安装设备本身的价值及按照合同规定支付给施工企业的预付备料款和预付工程款。

建筑工程支出包括房屋和建筑物支出、设备附着物支出、道路建筑工程支出、水利工程支出、拆除和整理支出等。

安装工程支出包括设备装配支出、设备单机试运转和系统联动无负荷试运转支出。

第五条 设备投资支出是指建设单位按项目概算内容发生的各种设备的实际成本,包括需要安装设备和不需要安装设备以及为生产准备的低于固定资产标准的工具、器具的实际支出。

需要安装设备是指必须将其整体或几个部位装配起来,安装在基础或建筑物支架上才能使用的设备。

不需要安装设备是指不必固定在一定位置或支架上就可以使用的各种设备。

第六条 待摊投资支出是指建设单位按项目概算内容发生的,按照规定应当分摊计入交付使用资产价值的各项费用支出。

待摊投资支出的费用项目有:建设单位管理费、土地征用及迁移补偿费、土地复垦及补偿费、勘察设计费、研究实验费、可行性研究费、临时设施费、设备检验费、负荷联合试车费、合同公证及工程质量监理费、(贷款)项目评估费、国外借款手续费及承诺费、社会中介机构审计(查)费、招投标费、经济合同仲裁费、诉讼费、律师代理费、城镇土地使用税、土地使用费、耕地占用税、车船使用税、汇兑损失、报废工程损失、坏账损失、借款利息、固定资产损失、器材处理亏损、设备盘亏及毁损、调整器材调拨价格折价、企业债券发行费用、航道维护费、航标设施费、航测费、其他待摊投资等。

第七条 其他投资支出是指建设单位按项目概算内容发生的构成基本建设实际支出的房屋购置和林木等购置、培育支出以及取得各种无形资产和递延资产发生的支出。

其他投资支出的费用项目主要包括:房屋购置、林木支出、办公生活用家具、器具购置费、为可行性研究购置固定资产的费用、购买或自行开发无形资产的费用、递延资产。

第三章 成本核算

第八条 成本核算的目的是确定工程的实际耗费,考核工程的经济效果。为了正确地对工程成本进行核算,必须合理划分成本核算对象。

建设成本的核算对象依据项目的建设规模确定,要满足竣工财务决算编制和成本管理的需要。

大型项目以单位工程和费用明细项目为核算对象,中小型项目以单项工程和费用明细项目为核算对象。

成本核算对象一经确定后,不得任意变更。财会部门应该为每一成本核算对象设置工程成本明细账,以便组织各成本核算对象的成本计算。

第九条 按照权责发生制的原则计算成本。

成本确认的主要依据是工程形象进度,与工程款项的支付没有直接关联。对已完成的工作量,在履行必备的结算手续后,无论工程价款是否已支付,都要进行计算和归集,计入各成本核算对象,防止成本与工程形象进度之间的背离。

支付承包商的预付工程款和预付备料款,不在成本中反映,结算时,按合同约定的比例或额度,予以抵扣。

承包商的质量保证金在扣留时计入成本。

第十条 采用完全成本法计算和归集各项费用。

凡为项目实体形成的各种耗费和发生的辅助性费用,在规定的开支范围和标准内都要纳入建设成本,包括直接材料、设备,直接人工工资,直接其他费用,管理性费用。

第十一条 待摊投资在计算和归集后,需分配计入交付使用资产成本。

流动资产、无形资产、递延资产及不需要安装设备、工具、器具和家具等固定资产,不分摊待摊投资。

在分配过程中,对能够确定由某项资产负担的费用,直接计入该项资产成本;不能确定负担对象的待摊费用,采用按概算数或按实际数的方法计入受益的各项资产成本。

第十二条 建设成本要真实、准确。除少量未完工程及竣工验收费用,按规定预计纳入建设成本外,不得以计划成本、估计成本或预算成本代替实际成本。

第四章 成本控制

第十三条 建立成本管理责任制,根据对成本的可控程度和分工归口管理的原则,将成本管理的职责划归各职能部门,以加强成本的控制与监督。

工程技术部门负责组织编制施工进度计划,做好施工安排,确保工程顺利开展,并对结算的工程量进行计量和审核;计划合同部门负责办理工程合同、协议的签订,编制或审核预算,组织办理工程价款的结算;材料供应部门负责编制材料采购、供应计划,健全材料的收、发、领、退制度,按期提供材料耗用和结余等有关的成本资料;财务部门负责组织成本核算,监督考核预算的执行情况,组织对工程建设成本进行预测、控制和分析,并制定本项目的成本管理制度;行政管理部门负责制定和执行有关管理费用的控制措施。

第十四条 建立财务预算管理制度,对建设成本实行预算控制。财务预算的管理流程是,以施工进度计划为基础,编制材料及设备采购、移民迁移安置等业务预算;以业务预算为依据,确定预算的具体项目和相应标准;经综合平衡后,下达执行。

财务部门负责组织财务预算的编制、审查、汇总、上报、下达、报告等具体工作,跟踪监督财务预算的执行情况,分析财务预算与实际执行的差异及原因,提出改进管理的措施和建议。

工程技术、计划合同、材料供应、行政管理等职能部门具体负责本部门业务涉及的财务预算的编制、执行、分析、控制等工作,并配合财务部门做好财务预算的综合平衡、协调、分析、控制、考核等工作,对本部门财务预算执行结果承担责任。

下达执行的年度财务预算,一般不予调整。由于市场环境、施工条件、政策法规等发生重大变化,财务预算的编制基础不成立,或者财务预算执行结果产生重大偏差的,由业务涉及的职能部门提出书面报告,阐述财务预算执行的具体情况、客观因素变化情况及其对财务预算执行造成的影响程度,提出财务预算的调整幅度。财务部门进行审核分析,编制年度财务预算调整方案,经批准后,予以调整。

第十五条 项目概(预)算是建设项目的标准成本,是控制建设规模、建设内容、建设成本的重要依据。

严格按设计文件、概(预)算中安排的项目、内容组织工程建设,不做概算外项目,不提高建设标准。

财务部门要定期将实际成本与项目概(预)算进行比较,分别计算各个成本项目的量差和价差,分析差异形成的原因及其影响的程度。对其中非正常的、不符合常规的异常成本差异,按例外管理的原则,进行详细揭示和重点分析,提高成本控制的效率。

第十六条 在制定工程施工部署方案和技术方案时,要利用价值工程的原理,进行功能和费用的对比,从备选方案中选择价值系数较高的方案,以达到降低成本的目标。

第十七条 为了使成本预测、控制、核算、分析、考核等有可靠的依据,应建立健全原始记录,做好定额管理、计量验收、物资收发领退和定期盘点等各项基础工作。对工程建设过程的各个环节(如:材料、设备验收入库、物料消耗和盘存、考勤、工程量、质量检验、阶段验收等),建立一套完整准确的原始记录。原始记录表格设计、填报时间、传递程序、存档保管等应根据情况,由各业务部门自行制定;与成本核算有关的原始记录,由财务部门参与审定。

凡可实行定额管理的,均应根据历史水平及现实情况制定切实可行的先进定额,主要包括各种消耗定额、费用定额和质量指标。各项定额,原则上每年核定一次,并随着管理水平的提高,及时进行必要的修订。按照国家有关计量法规设置完备的计量检验器具和仪表,对物资的收发、消耗、施工质量、施工进度等,进行严格的计量检验,并建立对计量检验器具、仪表的定期校验制度,加强维护,使之准确无误。建立各种财产物资的收发、领退、转移、报废和清查盘点制度,做到账实相符、账卡相符、账账相符,防止大盈大亏等一次性处理的不正常现象发生。

第十八条 建设成本的开支,要与基本建设管理程序的要求相适应。计划任务书已经批准,初步设计和概算尚未批准的,只能支付项目建设必需的施工准备费用;已列入年度基本建设支出预算和年度基建投资计划的建设项目,可按规定内容支付所需费用。

在未经批准开工之前,不得支付工程款。

第十九条　支出的审批程序如下。

1.经办人审查。经办人对支付凭证的合法性、手续的完备性和金额的真实性进行审查。

2.业务部门审核。经办人审查无误后,送经办业务所涉及的职能部门负责人审核;实行工程监理制的项目须先经监理工程师签署意见。

3.单位负责人或其授权人员核准签字。支出的审批权限为,财务预算内支出由单位负责人或其授权人员限额审批,限额以上以及财务预算以外的资金支出实行集体审批。

第二十条　严格按规定的开支范围和开支标准列支成本,不得增列成本项目所规定范围内容以外的开支。

财务部门在参与工程价款结算过程中,对工程量的计算、单价套用、费用和费率的计取,实施全面监督,剔除价款中的不合理部分。

第二十一条　正确划清各项费用界限,下列支出不得列入建设成本。

1.从事生产经营活动发生的成本费用。

2.项目已具备竣工验收条件,3个月内不办理竣工验收和资产移交手续所发生的各项费用。

3.在项目概(预)算外,用留成收入或上级部门拨入的资金购建自用固定资产的支出。

4.对外投资支出。

5.被没收的财物、支付的滞纳金、罚款、违约金、赔偿金。

6.捐赠、赞助支出。

7.国家法律、法规规定以外的各种付费及国家规定不得列入成本、费用的其他支出。

第二十二条　加强对支出的审核。

审核的主要事项有:是否应该发生、是否合乎规定、是否手续完备、已经发生的费用应在哪个成本核算对象中列支,以便对建设项目的各种耗费进行指导、限制和监督。

第二十三条　在成本的审核、列支过程中,要把握以下注意事项。

1.自营工程所发生的各项费用,必须按实际支出数计入成本,不得按预算价格进行结转。

2.安装工程支出不得包括被安装设备本身的价值。

3.不需要安装的设备和工具、器具,购入时,无论是验收入库,还是直接交付使用,都直接计入设备投资支出。

需要安装的设备购入后,无论是验收入库,还是直接交付安装,必须具备以下三个条件,才能计入设备投资支出。

(1)设备的基础和支架已经完成。(2)安装所需的图纸已经具备。(3)设备已经运到安装现场,验收完毕,吊装就位并继续安装。

列入房屋、建筑物等建筑工程预算的附属设备,其成本计入建筑工程支出,不得在设备投资中列支;需要安装设备的基础、支柱等附着物,其成本计入建筑工程支出,不得在设备投资中列支。

4.建设期间的存款利息收入计入待摊投资,冲减建设成本。经营性项目在建设期间的财政贴息资金,冲减建设成本。

未按规定用途使用的借款,挤占挪用部分的罚息支出以及不按期归还借款而支付的滞纳金,不得列入待摊投资支出。

5.由于管理不善、设计方案变更以及自然灾害等原因发生的单项工程报废,必须经有关部门组织鉴定。

因管理不善造成的损失,要追究有关责任人的经济责任。

报废工程成本扣除残值、赔偿金后的净损失需办理报批手续,经批准后,从建筑安装成本中转到待摊投资支出。

6.坏账损失、固定资产损失、设备的盘亏和毁损在列入建设成本前,要按规定程序报经有关部门批准。

发生的固定资产盘盈、处理积压物资盈余、设备盘盈,相应地冲减建设成本。

7.其他待摊投资是有指定内容的费用项目,包括国外设备及技术资料费、出国联络费、外国技术人员费、取消项目的可行性研究费、编外人员生活费、停缓建维护费、商业网点费、供电贴费以及行政事业单位发生的非常损失。

不得在上述范围以外自行增加项目和内容。

第二十四条　建立成本考核分析制度。

在将成本指标按照职责分工分解落实到各职能部门或个人的基础上,定期组织有关人员对年度财务预算及其有关指标的完成情况,进行对比和考核分析,揭示差距并提出改进的措施。

第五章　附　则

第二十五条　本办法自发布之日起实施。

第二十六条　本办法由×××负责解释。

第七章　水利工程经济评价分析

第一节　综合利用水利工程投资费用分摊

一、概述

由于缺乏经济核算,整个综合利用水利工程的投资,往往由某一主要受益部门负担,并不在各个受益部门之间进行投资费用分摊,结果常常发生以下几种情况。

(1)负担全部投资的部门认为,本部门的效益有限,但所需投资较大,因而迟迟不下决心或者不愿意建设此项工程,致使水利资源得不到应有的开发和利用,任其白白浪费。

(2)主办单位由于受到资金的限制,综合利用水利工程的开发规模可能偏小,使得其综合利用效益得不到充分的发挥。

(3)如果综合利用水利工程牵涉的部门较多,相互之间的关系较为复杂,有些不承担投资的部门往往提出过高的设计标准或设计要求,使工程投资不合理的增加,工期被迫拖延,不能以较少的工程投资在较短的时间内发挥较大的综合利用效益。

因此,综合利用水利工程的投资在各个受益部门之间进行合理分摊势在必行。对综合利用水利工程进行投资分摊的主要目的如下。

(1)合理分配国家资金,正确编制国民经济发展规划和建设,保证国民经济各部门有计划按比例协调发展。

(2)充分合理地开发和利用水利资源和各种能源资源,在满足国民经济各部门要求的条件下,使国家的总投资和运行费用降至最低。

(3)协调国民经济各部门对综合利用水利工程的要求,选择经济合理的开发方式和发展规模,分析比较综合利用水利工程各部门的有关参数或技术经济指标。

(4)充分发挥投资的经济效益,只有对综合利用水利工程进行投资和运行费用分摊,才能正确计算防洪、灌溉、水电、航运等部门的效益与费用,以加强经济核算,制定各种合理的价格,不断提高综合利用水利工程的经营和管理水平。

国外对综合利用水利工程(一般称多目标水利工程)的投资分摊问题曾做过较多的研究,提出很多计算方法。由于问题的复杂性,有些文献认为,到现在为止,还提不出一个可以普遍采用的、能够被各方面完全同意的河流多目标开发工程的投资分摊公式,我国过去对这方面问题研究较少,同时也缺乏投资分摊的实践经验。下面将介绍比较通用的投资分析方法和有关部门建议的费用分摊方法,并对各种分摊方法进行讨论。

二、综合利用水利工程的投资费用构成

综合利用水利工程,一般包括水库、大坝、溢洪道、泄水建筑物、引水建筑物、电厂、船闸等建筑物,其投资构成分类大致分为下列两大类。

第一种分类是把综合利用水利工程的投资划分为共用建筑物投资和专用建筑物投资两大部分,水库和大坝等建筑物可以为各受益部门服务,其投资可列为共用投资;电厂、船闸、灌溉引水建筑物等由于专为某一部门服务,故其投资应列为专用投资。

第二种分类是把综合利用水利工程的投资划分为可分投资和剩余投资两大部分,所谓某一部门的可分投资,是指水利工程中包括该部门与不包括该部门的总投资之差值。所谓剩余投资,就是总投资减去各部门可分为投资后的差值。

在投资分摊计算中,尚需考虑各个部门的最优替代工程方案。所谓最优替代工程方案,是指同等满足国民经济发展要求的具有同等效益的许多方案中,选择其中一个在技术上可行、经济上最有利的替代工程方案。

在具体研究综合利用水利工程投资构成时,还会遇到许多复杂的情况。

(1)天然河道原来是可以通航的,因修建水利工程而被阻隔,为了恢复原有河道的通航能力而增加的投资,不应由航运部门负担,而应由其他受益部门共同承担;但是为了提高通航标准而专门修建的建筑物,其额外增加的费用则应由航运部门负担。

(2)溢洪道和泄洪建筑物及其附属设备的投资,占水利枢纽工程总投资相当大的比重。上述建筑物的任务包括两个方面:一方面,保证工程本身的安全,当发生超大洪水时(如千年一遇洪水),依靠泄洪建筑物的巨大泄洪能力而确保水库及大坝的安全;另一方面,对于一般洪水(如10年一遇或20年一遇洪水),依靠泄洪建筑物及泄洪设备一部分的控泄能力就能确保下游河道的防汛安全。前一部分任务所需的投资,应由各个受益部门共同负担;后一部分任务所需增加的投资,则应由下游防洪部门单独负担。

(3)灌溉、工业和城市生活用水,常常需要修建专用的取水口和引水建筑物,其所需的投资应列为有关部门的专用投资。当这些部门所引用的水量与其他部门用水(如发电用水)结合时,则在此情况下投资分摊计算比较复杂。

无论在上述何种情况下,一般认为任一部门所负担的投资,不应超过该部门的最优替代工程方案所需的投资,也不应少于专为该部门服务的专用建筑物的投资。

三、现行投资费用的分摊方法

(一)按各部门的主次地位分摊

在综合利用水利工程中各部门所处的地位并不相同,往往某一部门占主导地位,要求水利工程的运行方式服从它的要求,其他次要部门的工程运行时间则处在从属地位。

在这种情况下,各个次要部门只负担为本身服务的专用建筑物的投资或可分投资。其余部分的投资则全部由主导部门承担,这种投资分摊方法适用于主导部门的地位十分明确的情况,工程的主要任务是满足该部门所提出的功能要求。

(二)按各部门的用水量分摊

综合利用水利工程中的各个部门,由水库引用的水量是各不相同的。在一般情况下,某些部门的用水是完全结合的或者部分结合的,但也有不结合的。

例如,冬季电力系统负荷较高,水电站常承担较多的峰荷,而灌溉此时并不用水,城市生活用水也稍减少些,即此时发电用水与灌溉用水是不结合的,与城市用水是部分结合的。

春季灌溉用水量较大,水库泄水发电后即把尾水引入灌溉渠道内,在此情况下两者用水是完全结合的。

总之,各部门用水量也可分为两部分:一部分是共用水量(或称结合水量);另一部分是专用水量。因此,可以根据各部门所需调节水量的多少,按比例分摊共用建筑物的投资。至于专用建筑物的投资,则应由受益部门单独负担。

(三)按各部门所需的库容分摊

与上法相似,根据各部门所需库容的大小分摊共用建筑物的投资,专用建筑物的投资则由受益部门单独负担。但防洪库容与兴利库容在一般情况下是能部分结合的,在某些情况下完全不能结合,也有个别情况两者完全结合,这要视洪水预报精度及汛后来水量与用水量等具体条件而定。

至于兴利库容,常为若干个兴利部门所共用,如按所需库容大小进行投资分摊,往往防洪部门所分摊的投资可能偏多,各个兴利部门所负担的投资可能偏小。实际上,防洪库容也是为各个兴利部门服务的,因此按所需库容大小进行投资分摊也不尽合理。

(四)可分费用剩余效益法

欧美国家及日本等一般采用可分费用剩余效益法(SCRB),其要点与计算步骤如下。

(1)计算整个水利工程的投资、年费用和年平均效益,求出各部门的可分费用及其替代工程和专用工程的投资和年费用。

(2)确定本部门及其替代工程的投资年回收值。

(3)效益估算一般可从以下三条途径估算。

①减免的损失。从可减免洪、涝、旱等自然灾害造成的损失估算效益,如防洪可减少洪灾损失,提供工业用水可减免因缺水而减产停产的损失等。

②增加的收益。从可给社会带来的收益估算,如由于发展航运和提供电力,促进社会经济发展的收益,由于灌溉而增加农业产量等。

③节省的费用。从可减免替代措施节省的费用估算,如建设水电站,可节省火电、核电站的费用,发展灌溉,可节省进口农产品的费用等。

(4)有些做法在上述三者之中选择较小者作为本部门的选用年效益。

(5)各部门的选用年效益减去其可分年费用,即得剩余效益,然后求出分摊百分比。

(6)整个水利工程的年费用,减去各个部门的可分年费用,即得各部门的剩余年费用。

(7)各部门的年运行费的分摊,也按上述步骤求得。

(8)按上述步骤对各部门进行投资分摊,各部门的可分投资加上所求得的剩余投资的分摊额,即得综合利用水利工程各部门应承担的投资额。

(五)合理替代费用分摊法

与SCRB的不同之处在于,合理替代费用分摊法用各部门专用工程的投资与年费用,代替上述的可分投资与可分年费用,其余计算方法与计算步骤与SCRB基本相同。

合理替代费用分摊法与SCRB的另一相似之处是,某一部门投资的最小分摊额,即该部门的专用投资或可分投资;某一部门投资的最大分摊额,即相应替代工程的投资。虽然合理替代费用分摊法的计算工作量较小些,但SCRB用各部门的可分投资代替前者的专用投资,可以使投资分摊的误差尽可能减小至最低限度。

(六)有关部门常用的费用分摊方法

当设计的水利工程具有防洪、发电、灌溉、航运、供水等综合利用效益时,应在各有关部门之间进行费用分摊,建议根据具体情况按下列方法之一进行费用分摊。

(1)按各部门利用的水量或库容等指标分摊共用工程费用。

(2)按各部门获得效益现值的比例分摊共用工程费用。

(3)按各部门等效替代工程方案费用现值的比例分摊共用工程费用。

(4)按"可分离费用一剩余效益法"分摊剩余共用工程费用。

(5)按工程任务的主次关系分摊。当综合利用工程各部门之间的主次关系明显,主要部门的效益占工程总效益的比重较大时,可由主要受益部门承担大部分费用,次要部门只承担其可分离费用或专用工程费用。

四、对各种投资费用分摊方法的分析

采用各部门替代工程的费用作为本部门效益,然后按其比例进行费用分摊的原则,仍为各国所普遍采用。用各部门的直接收益(如电费收入、农产品销售收入等)作为本部门的效益,然后按其比例进行费用分摊,较难实行,主要因为某些产品的价格与价值存在一定的背离现象,此外,工农业产品之间还存在剪刀差。

一般来说,某些主要农产品价格偏低,用货币表示的效益人为地被缩小;某些工业产品的价格偏高,用货币计算出来的效益偏大。但从理论上说,从发展方向上看,根据各部门的效益按比例进行费用分摊的原则,仍然是我们努力的方向。

综合利用水利工程各受益部门所分摊的费用,除应从分摊原则分析其是否公平合理外,还应从下列方面进行合理性检查。

(1)任何部门所分摊的年费用(包括投资年回收值和年运行费两方面)不应大于本部门最优替代工程的年费用。

(2)各受益部门所分摊的费用,不应小于因满足该部门需要所需增加的工程费用,最少应承担为该部门服务的专用工程(包括配套工程)的费用。

如果检查分析时发现某部门分摊的投资和年运行费不尽合理,应在各部门之间进行适当调整。

在综合利用水利工程各部门之间进行投资费用分摊时,应该采用动态经济分析方法,即应该考虑资金的时间价值。根据实际情况,分别定出各部门及其替代工程的经济寿命(年)、折现率或基准收益率。

在初步设计阶段,对于重要的大型综合利用工程进行投资费用分摊时,尽可能采用按剩余效益分摊剩余费用法或SCRB,虽然计算工作量稍大些,但此法使各部门必须分摊的剩余费用尽可能减少,有利于减小费用分摊的误差。

如果兴建水利枢纽而使某些部门受到损失,为此修建专用建筑物以恢复原有部门的效益,这部分工程所需的费用,应计入综合利用工程的总费用中,由各受益部门按其所得的效益进行费用分摊。例如,在原来可以通航的天然河道上,因修筑大坝而使航运遭受损失,为此需修建过船建筑物,这部分费用应由其他受益部门分摊。但为了提高航运标准而额外增加各种专用设施,其所需费用应由航运部门负担。

筏运、渔业、旅游等部门一般可不参加综合利用工程的费用分摊,因为在水库内虽然可以增加木筏的拖运量,但增加了过坝的困难。渔业、旅游业等在水库建设中多为附属性质,因此可不分摊综合利用工程的费用,只需要负担其专用设施的费用即可。

应再次强调的是,为了保证国民经济各部门有计划按比例地发展,合理分配国家有限的资金;为了综合开发和利用各种水利资源,充分发挥其经济效益;为了不断提高综合利用工程的经营管理水平,进一步加强经济核算,对综合利用工程均须进行投资费用分摊,这是当前水利工程经济计算中要求解决的一个课题。

第二节　城镇水利工程供水价格及经济分析

一、概述

(一)城镇水资源短缺现状与成因

新中国成立以来,随着工业的迅速发展和城市人口的大量增加,全国百余个城市先后发生了较为严重的缺水,北京、天津,以及滨海城市大连、青岛均曾出现过供水十分紧张的局面,主要原因是我国北方地区水资源比较缺乏。

解决途径不外乎开源节流:一方面应大力采取各种节约用水措施,提高水的重复利用率;另一方面逐步建设跨流域调水工程,如南水北调等工程。

(二)城镇用水结构与分类

城市用水主要包括生活用水(指广义生活用水)、工业用水、郊区农副业生产用水。生活用水主要指家庭生活、环境、公共设施和商业用水;工业用水主要指工矿企业在生产过程中用于制造、加工、冷却、空调、净化等部门的用水。据统计,在现代化大城市用水中,生活用水占城市总用水量的30%~40%,工业用水占60%~70%,现着重分析生活用水和工业用水。

1.生活用水

随着城市人口的增加、生活水平的提高,城市生活用水平均每年递增3%~5%。在城市生活用水中,家庭生活用水量约占50%,机关、医院、宾馆、学校、商业等部门的用水量约占50%。我国城市生活用水量的标准还是比较低的,远远低于发达国家的人均用水量。

今后城市生活用水量的预测,可以以现状为基础,适当考虑生活水平提高和人口增长等因素,拟订合理的用水标准进行估算。

2.工业用水

根据工业生产中的用水情况,工业用水大体上可分为四类。

(1)冷却水

在工业生产过程中,用来吸收多余的热量以冷却生产设备的水称为冷却水。火力发电、钢铁冶炼和化工等工业生产中的冷却用水量很大,在某些滨海城市大量采用海水作为冷却水,以弥补当地淡水资源的不足。在城市工业区,冷却水量一般占工业总用水量的 70% 左右。

（2）空调水

空调水主要用以调节生产车间的温度和湿度。在纺织工业、电子仪表工业、精密机械工业生产中均需要较多的空调水。

（3）产品用水

产品用水包括原料用水和洗涤用水。原料用水是把水作为产品的原料,成为产品的组成部分;洗涤用水是把水作为生产介质,参与生产过程,水用过后即被排放出来,水中往往有许多杂质,对于污染比较严重的工业废水必须进行水质处理,以确保城市环境卫生。

（4）其他用水

其他用水包括场地清洗用水、车间用水、职工生活用水等。

（三）城镇水利工程节水策略与效益

工业用水量是否合理的评价标准,一般有以下几种。

1.单位产品的用水量

某些工厂单位产品的用水量常表示为 m³/t 钢,m³/t 纸等。国外先进工厂炼钢用水量一般为 4~15 m³/t 钢,国内钢厂用水量一般为 40~80 m³/t 钢,国内外吨钢用水量的差距还是比较大的。

2.单位产值的用水量

单位产值的用水量是一个综合用水量指标,我国广泛采用以万元产值的用水量（m³/万元）表示,该指标与工业结构、生产工艺、技术水平等因素有关。

3.工业用水量重复利用率

提高工业用水的循环利用率,是节约用水和保护水源的有效措施。它比较科学地反映出各工厂、各行业用水的水平,又可以和别的部门、地区乃至与其他国家进行比较。应该指出,节约用水有着很大的经济效益、环境效益和社会效益,随着城市的发展,新增水源及其供水工程的费用越来越高,而节约用水、提高工业用水的重复利用率所需的投资,往往为新建供水工程投资的 1/10~1/5。此外,节约用水还可以减少工业废水量和生活污水量,减少对环境的污染,因而其环境效益也是十分明显的。

二、城镇水利工程供水经济效益估算

城市供水效益主要反映在提高工业产品的数量和质量以及提高居民的生活水平和健康水平上。没有水,非但工业生产不能进行,人类也无法赖以生存。城市供水不仅具有经济效益,更重要的是具有难以估算的社会效益。

（一）供水效益的主要计算方法

根据《水利建设项目经济评价规范》（SL 72—2013）,城镇供水项目的效益是指有、无项目对比可为城镇居民增供生活用水和为工矿企业增供生产用水所获得的国民经济效益。其计算方法有以下几种。

1.按举办最优等效替代工程或采取节水措施所需的年折算费用表示

为满足城镇居民生活用水和工业生产用水,往往在技术上有各种可能的供水方案,例如,河湖地表水、当地地下水、由水库供水、从外流域调水或海水淡化等。该方法以节省可获得同等效益的替代措施中最优方案的年费用作为某供水工程的年效益。

2.按因缺水使工业生产遭受的损失计算供水效益

在水资源贫乏地区,可按缺水曾使工矿企业生产遭受的损失计算新建供水工程的效益。在进行具体计算时,应使现有供水工程发挥最大的经济效益,尽可能使不足水量造成的损失最小。在由于供水不足造成减少的产值中,应扣除尚未消耗掉的原材料、燃料、动力等可变费用,这样因缺水所减少的净产值损失,才算作为新建供水工程的效益。

3.根据供水在工矿企业生产中的地位采用工矿企业的净效益乘分摊系数计算

此法的关键问题在于如何确定分摊系数。一般采用供水工程的投资(或固定资金)与工矿企业(包括供水工程,下同)的投资(或固定资金)之比作为分摊系数,或者按供水工程占用的资金(包括固定资金和流动资金)与工矿企业占用的资金之比作为分摊系数。

该法仅适用于供水方案已优选后对供水工程效益的近似计算,否则会形成哪个方案占用资金(或投资)越多,其供水效益越大的不合理现象。

4.在已进行水资源影子价格分析研究的地区可按供水量和影子水价的乘积表示效益

根据《建设项目经济评价方法与参数》,项目的效益是指项目对国民经济所做的贡献,其中直接效益是指项目产出物(商品水)用影子水价计算的经济价值。因此,用影子水价与供水量计算供水工程的经济效益是可行的,有理论根据的。

存在的问题是由于商品水市场具有区域性、垄断性和无竞争性等特点,尚需研究相应的影子水价,当求出某地区的影子水价后即可根据供水工程的供水量估算其经济效益。

(二)各种供水效益计算方法探讨

1.最优等效替代工程法

最优等效替代工程法,适用于具有多种供水方案的地区。该方法能够较好地反映替代工程的劳动消耗和劳动占用,避免了直接进行供水经济效益计算中的困难,替代工程的投资与年运行费是比较容易确定和计算的,因此被国内外广泛采用。

2.工业缺水损失法

工业缺水损失法,认为缺水曾使工业生产遭受的损失,可由新建的供水工程弥补,以此作为新建工程的效益。关键问题在于如何估算损失值,由于缺水,工厂企业不得不停产、减产,因一部分原材料、燃料、动力并不需要投入,因此减产、停产的总损失值扣除这部分后的余额,才是缺水减产的损失值。

在水资源缺乏地区,当供水工程不能满足各部门的需水要求时,可按产品单位水量净产值的大小进行排队,以便进行水资源优化分配,使因缺水而使工业生产遭受的损失值最小。如可能,应找出缺水量与工矿企业净损失值的相关关系,求出不同供水保证率与工业净损失值的关系曲线,由此求得的期望损失值作为新建供水工程的年效益更为合理些。

3.分摊系数法

分摊系数法,即按供水在生产中的地位分摊总效益,求出供水效益。现在把供水工程作为整个工矿企业的有机组成部分之一,按各组成部分占用资金的大小比例确定效益的分摊系数。此法没有反映水在生产中的特殊重要性,没有体现水利是国民经济的基础产业,因而用此法求出的供水效益可能是偏低的。

由于上述计算供水效益的几种方法均存在一些问题,应根据当地水资源特点及生产情况与其他条件,选择其中比较适用的计算方法。

由于天然来水的随机性,丰水年供水量多,城市需水量并不一定随之增加,甚至有可能减少,枯水年情况可能恰好相反,因此应通过调研,根据统计资料求出供水效益频率曲线,由此求出各种保证率的供水量及其供水效益。

应说明的是,在国民经济评价阶段,应按影子价格计算供水工程的经济效益;在财务评价阶段,应按财务价格及有关规定计算供水工程实际财务收益。

三、水利工程供水价格的制定

(一)供水生产成本费用

供水生产成本费用如按经济用途分类,则包括供水生产成本和供水生产费用,即:

供水生产成本费用＝供水生产成本＋供水生产费用

供水生产成本费用如按经济性质分类,则包括固定资产的折旧费、无形资产及递延资产的摊销费、借贷款利息净支出和年运行费。

供水生产成本是指正常供水生产过程中发生的直接工资、直接材料费其他直接支出和制造费用等,即:

供水生产成本＝直接工资＋直接材料费＋其他直接支出＋制造费用

式中:直接工资是指直接从事生产运行人员的工资、奖金、津贴、补贴以及社会保险支出等;直接材料费是指生产运行过程中实际消耗的原材料辅助材料、备品配件、燃料、动力费等;其他直接支出是指直接从事生产运行人员的职工福利费以及供水工程的观测费、临时设施费等;制造费用包括固定资产的折旧费、保险费、维护修理费(包括工程维护费和库区维护费)、水资源费办公费等。

(二)供水生产费用

供水生产费用是指为组织和管理供水生产、经营而发生的合理销售费用、管理费用和财务费用,统称期间费用。其构成如下:

$$供水生产费用(期间费用)=销售费用+管理费用+财务费用$$

式中:销售费用是指在供水销售过程中发生的各项费用,包括运输费、包装费、保险费、广告费等;管理费用是指行政管理部门为组织和管理生产经营活动所发生的各项费用;财务费用是指为筹集生产经营所需资金而发生的费用,包括汇兑净损失、金融机构手续费以及筹资发生的其他财务费用。

(三)各类用水生产成本费用分摊系数计算

综合利用水利工程一般具有除害(如防洪等)、兴利(如供水、发电等)两大功能。工程投资及其生产成本费用可采用库容比例法在除害、兴利两大部门之间进行分摊。

四、供水价格核定

《城镇供水价格管理办法》规定,水利工程供水价格按照补偿成本、合理收益、优质、优价、公平负担的原则制定,并根据供水成本费用和市场供求的变化情况适时调整。水利工程供水价格为:

$$供水价格=供水成本费用+税金+利润$$

在核定水价之前,要认真学习、领会《城镇供水价格管理办法》对水价核定的原则和要求,收集有关资料,调阅、对比该供水工程各年的供水成本、费用、利润和税金。如均在正常生产情况下,核定水价时可采用近几年的发生数进行计算。然后,核定农业、城镇生活、工业以及水力发电的定额用水量、供水保证率和实际年平均用水量。如有多年资料(一般不少于10年),应尽量采用,否则按实测资料计算;如无实测资料,则按实际用水量和设计保证率计算。

第三节　防洪工程经济分析

一、洪水灾害防治与综合治理策略

(一)洪水灾害概述与危害

洪水灾害是指洪水给人类生活、生产与生命财产带来的危害与损失。河流洪水泛滥成灾,淹没广大平原和城市,或者山区山洪暴发,冲毁和淹没土地村镇和矿山,或者由洪水引起的泥石流压田、毁地、冰凌灾害等等,均属洪水灾害的范畴。在我国,比较广泛而又影响重大的是平原地区的洪灾,对我国经济发展影响很大,是防护的重点。

洪水灾害是我国发生频率高危害范围广、对国民经济影响最为严重的自然灾害，也是威胁人类生存的十大自然灾害之一。

1975年8月上旬，受3号台风影响，河南省西南部山区的驻马店、南阳、许昌等地区发生了我国大陆上罕见的特大暴雨，暴雨中心林庄最大24 h雨量达1060.3 mm，连续3天雨量1605.3 mm，致使两座大型水库垮坝，下游7个县城遭到毁灭性灾害。

1981年7—8月，四川盆地受灾农作物100多万 hm²，倒塌房屋100多万间，死亡1358人，受伤28140人。

1982年6—8月中旬，江南及淮河流域农田受灾400多万 hm²，倒塌、损坏房屋50万余间，死亡900多人，受伤6000多人。

1983年6月中旬至7月中旬，长江中下游地区农田受灾约439万 hm²，倒塌、损坏房屋164万余间，死亡920余人，受伤2800人。

（二）防洪工程措施分类与实施

洪水灾害，按洪水特性可分为主要由洪峰造成的洪水灾害和主要由洪量造成的洪水灾害；按漫淤和决堤成灾的影响，可分为洪水漫决后能自然归槽只危害本流域的洪水灾害和不能归槽危害其他流域的洪水灾害；按洪水与涝水的关系，可分为纯洪水灾害和先涝后洪或洪涝交错的混合型洪水灾害。

防洪是指采取一定的工程措施或其他综合治理措施，防止或减轻洪水的灾害。在同自然灾害的斗争中，早已掌握若干不同的防洪措施。但随着人类社会的发展和进步，这些工程措施现在更趋于完善和先进，效益更为显著，并由单纯除害发展为除害与兴利相结合的综合治理工程措施。

防治洪水的措施可分为两大类。第一类是治标性的措施，这类措施是在洪水发生以后设法将洪水安全排泄而减免其灾害，其措施主要包括堤防工程、分洪工程、防汛、抢险及河道整治等；第二类是治本性的措施，其中一类是在洪水发生前就地拦蓄径流的水土保持措施，另一类是修建具有调蓄洪水能力的综合利用水库等。

堤防工程是在河流两岸修筑堤防，进一步增加河道宣泄洪水的能力，保卫两岸低地，这种措施最古老，也最广泛采用，在现阶段仍不失为防御洪灾的一种重要措施。例如，我国黄河下游两岸大堤及长江中游的荆江大堤等。

分洪工程是在河流上（一般在中、下游）适当地点修建分洪闸、引洪道等建筑物，将一部分洪水分往别处，以减轻干流负担。例如，黄河下游的北金堤分洪工程及长江中游的荆江分洪工程等。

河道整治也是增加河道泄洪能力的一种工程措施，内容包括拓宽和疏浚河道、裁弯取直、消灭过水卡口、消除河道中障碍物以及开辟新河道等。

水土保持是防治山区水土流失，从根本上消除洪水灾害的一项措施。水土保分为坡面和沟壑治理两个方面,一般需要采取农林、牧及工程等综合措施。水土保持不但能根治洪水,而且能蓄水保土,有利于农业生产,是发展山区经济的一种重要措施。

蓄洪工程是在干流及支流的上、中游兴建水库,以调蓄洪水,这种措施不但能从根本上控制下游洪水的灾害,而且与发电、灌溉、供水及航运发展等结合,是除害兴利、综合利用水资源的根本措施。

(三)非工程防洪措施与综合治理

除上述各项工程措施外,还可采取非工程防洪措施,这是指在受洪水威胁的地区,采取一水一麦、种植高秆作物、加高房基等防御洪水的措施,或者加强水文气象预报,及时疏散受洪水威胁地区的人口,甚至有计划采取人工决口等措施,尽可能减轻洪水灾害及其损失。

防洪措施,常常是上述若干措施的组合,包括治本和治标的措施、工程性和非工程性的措施,通过综合治理,联合运用,尽可能减免洪水灾害,并进一步达到除害兴利的目的。

二、洪水灾害特性与损失评估体系研究

(一)洪水灾害的基本特性分析

洪水灾害的最大特点,是洪水在时间出现上具有随机分布的特性。年内或年际间不同频率洪水的差别很大,相应的灾情变化亦很大。在大多数情况下,一般性的或较小的洪水虽然经常出现,但并不具有危害性或危害性较小,稀遇特大洪水则危害性很大,甚至影响本区域或全国的经济发展计划。

洪灾损失分为直接损失和间接损失,有的能用实物和货币表达,有的则不易用货币表达,且在能用实物或货币表达的损失中,不少也难以准确估计。因此,洪灾损失的计算,由于考虑的深度和广度不同,可能有很大差别。

农、工、商业和其他各种企业的动产与不动产,是个人的、集体的和国家的财产,都随着国民经济的发展均在逐年递增,其数量和质量均在不断变化。因此,即使同一频率的洪水,发生在不同年份其损失也不一样,有随时间变化的特性。

洪水灾害的大小,与暴雨大小、雨型分布、工程标准等因素有关。在洪灾损失中,有些可以直接估算出来,而另有一些损失如人民生命安全、对生产发展的影响等,一般难以用实物或货币直接估算。

(二)洪水灾害损失分类评估体系

能用实物或货币计算的损失,按受灾对象的特点和计算上的方便,一般可以考虑以下几个方面。

1.农产品损失

洪水泛滥成灾,影响作物收成,农作物遭受自然灾害的面积称作受灾面积,减产30％以上的称作成灾面积。一般可将灾害程度分为四级:毁灭性灾害,作物荡然无存,损失100％;特重灾害,减产大于80％;重灾害,减产50％～80％;轻灾害,减产30％～50％。

在估算农作物损失时,为了反映其价值的损失,有人建议采用当地集市贸易的年平均价格计算;也有人提出用国际市场价格计算,再加上运输费用及管理损耗等。在计算农作物损失时,秸秆的价值亦应考虑在内,可用农作物损失的某一百分数表示。

2.房屋倒塌及牲畜损失

在计算这些损失时,要考虑到随着整个国民经济及农村经济的发展,房屋数量增多,质量提高,倒塌率降低,倒塌后残余值回收率增大等因素。

3.人民财产损失

城乡人民群众的生产设施(如机具、肥料、农药、种子、林木等),以及个人生活资料(如用具、粮食、衣物、燃料等)因水淹所造成的损失,一般可按某一损失率估算。20世纪50年代,在淮河流域规划时,曾拟定过损失率:长期浸水为25％～50％,短期浸水为5％～25％等。

4.工矿、城市的财产损失

包括城市、工矿的厂房、设备、住宅、办公楼、社会福利设施等不动产损失,以及家具、衣物、商店百货、交通工具、可移动设备等动产损失。在考虑损失时,对城市及工矿区的洪水位、水深、淹没历史等要详细调查核定,并要考虑设备的原有质量、更新程度、洪水来临时转移的可能性、水毁后复建性质等因素,以确定损失的种类、数量及其相应的损失率,不能笼统地全部按原价或新建价折算成为洪灾损失。

城市、工矿企业因水灾而停工停产的损失,也不应单纯按产值计算,一般只估算停工期间工资、管理、维修以及利润和税金等损失,而不计入原材料、动力、燃料等消耗。

5.工程损失

洪水冲毁水利工程,如水库、水电站、堤防、涵闸、桥梁、码头、护岸、渠道、水井、排灌站等;冲毁交通运输工程,如公路、铁路、通信线路、航道船闸等;冲毁公用工程,如输电高压线、变电站、电视塔、自来水设施、排水设施以及淤积下水道等。所有上述各项工程损失,可用国家和地方拨付的工程修复专款来估算。

6.交通运输中断损失

包括铁路、公路、航运、电信等因水毁中断,客、货运被迫停止运输所遭受的损失,特别是铁路中断,对国民经济影响极大,这主要包括以下几个方面。

(1)线路修复费。在遭遇各种频率洪水时可按不同工程情况,估算铁路损坏长度,再以单位长度铁路造价的扩大指标进行估算。

(2)客、货运费的损失。估算不同频率洪水时运输中断的天数,设计水平年或计算基准年的客、货运量及加权运距等,再按运价、票价、运输成本等计算运输损失值。

(3)间接损失。关于铁路中断引起的间接损失,一种情况是工矿企业的原材料、产品不能及时运进运出,对生产和消费产生一系列的连锁反应,但这样考虑的范围很广,任意性很大。另一种情况是工矿企业和其他行业所需的原材料、物资等商品,一般均有储备,当铁路中断时,可动用储备。国外一般用绕道运输的办法完成同样的运输任务,以绕道增加的费用计算铁路中断损失。也可以考虑按停掉那些占用运输量大、产值利润小的企业损失来计算。

7.其他损失

包括水灾后国家和地方支付的生产救灾、医疗救护、病伤、抚恤等经费,洪水袭击时抗洪抢险费用、堤防决口、洪水泛滥、泥沙毁田、淤塞河道及排灌设施和土地地力恢复等损失费用。

三、防洪工程经济分析的内容和计算步骤

防洪的目的是要求采取一定的工程措施防止或减少洪水灾害,其所减少的灾害损失就是防洪工程的效益。

对一条河流或一个区域而言,防止或减少洪灾的措施常常有很多可能的方案可供选择,它们的投资、淹没占地、防洪能力综合效益以及对环境的影响等均不尽相同。在一定的条件下,需要比较分析不同方案的可能性和合理性。

防洪工程经济分析的内容和任务,就是对技术上可能的各种措施方案及其规模进行投资年运行费年平均效益等经济分析计算,并综合考虑其他因素,确定最优防洪工程方案及其相应的技术经济参数和有关指标。

不同的防洪标准、不同的工程规模、不同的技术参数均可视为经济分析计算中的不同方案。

防洪工程经济分析的计算步骤如下。

(1)根据国民经济发展的需要与可能,结合当地的具体条件,拟定技术上可能的各种方案,并确定相应的工程指标。

(2)调查分析并计算各个方案的投资、年运行费、年平均效益等基本经济数据。

①防洪工程投资。这主要指主体工程、附属工程、配套工程的移民安置费用,以及环境保护、维持生态平衡所需的投资。分洪滞洪工程淹没耕地和迁移居民,如果是若干年才遇到一次,且持续时间不长,则可根据实际损失情况给予赔偿,可不列入基建投资,而作为洪灾损失考虑。

②防洪工程的年运行费。这主要包括工程运行后每年需负担的岁修费、大修理费、防汛费等。一般岁修费率为防洪工程固定资产值的0.5%~1.0%,大修理费率为0.3%~0.5%,两者合计为0.8%~1.5%。防汛费是防洪工程的一项特有费用,与防洪水位、工程标准、防汛措施等许多因素有关,一般随工程防洪标准的提高而减少。此外,年运行费还包括库区及工程的其他维护费,材料、燃料及动力费,工资及福利费等。

③分析计算各个方案的主要经济效果指标及其他辅助指标,然后对各个方案进行经济分析和综合评价,确定比较合理的可行方案。

四、防洪工程的经济效益

防洪工程的效益与灌溉或发电工程的效益不同,它不是直接创造财富,而是把因修建防洪工程而减少的洪灾损失作为效益。因此,防洪工程效益只有当遇到原来不能防御的大洪水时才能体现出来。如果遇不上这类洪水,效益就体现不出来,有人称这种效益为"潜在效益"。

防洪工程从防御常遇洪水提高到防御稀遇洪水,所需工程规模及其投资年运行费等均要相应大幅度地增加,虽然遇上稀遇洪水时一次防洪效益很大,但因其出现机会稀少,故而若按多年平均值计算,比起防御常遇洪水所增加的效益可能并不很大。但工程修建后,若很快遇上一次稀遇大洪水,其防洪效益可能比工程本身的投资大若干倍;若在很长时间内,甚至在工程有效使用期内遇不到这种稀遇洪水,则长期得不到较大的防洪效益,就形成投资积压,每年还得支付防汛和运行管理费等。因此,防洪效益分析是一个随机问题,具有不确定性和不准确性。

洪灾损失与洪水淹没范围、淹没深度、淹没历史和淹没对象有关,还与决口流量、行洪流速等有关,这些因素是估计洪灾损失的基本资料。

不同频率洪水的各年损失不同,一般在经济分析中要求用年平均损失值衡量,因而需要计算工程修建前后不同频率洪水的灾害损失,求出工程修建前后的年平均损失差值。

洪灾损失一般可通过历史资料对比法和水文水利计算法确定,具体计算步骤和内容如下。

(一)洪水淹没范围

根据历史上几次典型洪水资料,通过水文水利计算,分别求出兴建防洪工程前后河道、分蓄洪区、淹没区的水位和流量,根据地形图和有关淹没资料,获取防洪工程兴建前后的淹没范围、耕地面积、迁移人口以及淹没对象等。

在进行水文水利计算时,要考虑防护地区的具体条件,如河道、地形特点,拟定防洪工程(如水库、分蓄洪工程)的控制运用方式,堤防决口、分蓄洪区行洪的水力学条件等,作为计算依据。这种方法现已被广泛应用,其优点是能进行不同方案各种典型洪水的计算,同时能考虑各种具体条件;但缺点是工作量大,有些假定可能与实际有较大的出入。

(二)水灾损失率

水灾损失率都是通过在本地区或经济和地形地貌相似的其他地区对若干次已经发生过的大洪水进行典型调查分析后确定的。

(三)洪灾损失计算

洪灾损失包括农业、林业、工程设施、交通运输以及个人、集体、国家财产等损失,通常根据受淹地区典型调查材料,确定淹没损失指标,一般用每亩综合损失率表示,然后根据每亩综合损失率指标和淹没面积确定洪灾损失值。

由于调查的是各种典型年的洪灾损失,防洪的年平均效益为防洪措施实施前的年平均损失减去防洪措施实施后的年平均损失,一般采用频率曲线法计算。

洪水成灾面积及其损失,与暴雨洪水频率等有关,因此必须对不同频率的洪水进行调查计算以便制作洪灾损失频率曲线,从而求算年平均损失值。

第四节　治涝工程经济分析

一、涝渍灾害

农作物在正常生长时,植物根部的土壤必须有相当的孔隙率,以便空气及养分流通,促使作物生长。地下水位过高或地面积水时间过长,土壤中的水分接近或达到饱和的时间超过了作物生长期所能忍耐的限度,必将造成作物的减产或萎缩死亡,这就是涝渍灾害。因此,搞好排水系统,提高土壤调蓄能力,也是保证农业增产的基本措施。

平原地区的灾害,常常为洪、涝、渍、旱、碱灾交替发生。当上游洪水流经平原,超过河道宣泄能力而决堤,引起洪灾。暴雨后因地势低洼平坦,排水不畅或因河道排泄能力有限,或受到外河(湖)水位顶托,致使地面长期积水,造成作物淹死,即涝灾。成灾程度的大小与降雨量多少、外河水位的高低及农作物耐淹程度、积水时间长短等因素有关,这类灾害可称为暴露性灾害,其相应的损失称为涝灾的直接损失。有的因长期阴雨和河湖长期高水位,使地下水位抬高,抑制农作物生长而导致减产,即渍灾,或称潜在性灾害,其相应损失称为涝灾的间接损失。在土壤受盐碱威胁的地区,当地下水位抬高至临界深度以上时,常易形成土壤盐碱化,造成农作物受灾减产,即碱灾。北方平原如黄淮海某些地区,由于地势平坦,夏伏之际暴雨集中,常易形成洪涝灾害;如久旱不雨,则易形成旱灾;有时洪、涝、旱、碱灾害伴随发生,或先洪后涝,或先涝后旱,或洪涝之后土壤发生盐碱化。因此,对其必须坚持洪、涝、旱、碱灾综合治理,才能保证农业高产稳产。

治涝必须采取一定的工程措施,当农田中由于暴雨产生多余的地面水和地下水时,可以通过排水网和出口枢纽排泄到容泄区(指承泄排水的江、河、湖泊或洼淀等)内,其目的是及时排除由于暴雨所产生的地面积水,减少淹水时间及淹水深度,不使农作物受涝,并及时降低地下水位,减少土壤中的过多水分,不使农作物受渍。在盐碱化地区,要降低地下水位至土壤不返盐的临界深度以下,达到改良盐碱地和防止次生盐碱化。当条件允许时,还应发展井灌,井渠可综合控制地下水位,在干旱季节则可保证必要的农田灌溉。

二、治理标准

修建治涝工程,减免涝、渍、碱灾害,首先要确定治理标准。

(一)治涝标准

治涝工程的设计,必须根据遇旱有水、遇涝排水、改良土壤,达到农业高产稳产的要求。考虑涝区的地形、土壤水文气象、涝灾情况、现有治涝措施等因素,正确处理大中小、近远期、上下游、泄与蓄、自排与抽排以及工程措施与其他措施等关系,合理确定工程的治涝任务和选择治涝标准。治涝设计标准一般应以涝区发生一定重现期的暴雨而不受灾为准,重现期一般采用5~10年。条件较好的地区或有特殊要求的棉粮基地和大城市郊区,可以适当提高标准。条件较差的地区,可采取分期提高的办法。治涝设计中除应排除地面涝水外,还应考虑作物对降低地下水位的要求。

我国各地区降雨特性不同,应根据当地的自然条件、涝渍灾害、工程效益等情况进行经济分析,合理选择治涝标准。

(二)防渍标准

防渍标准是要求地下水位在降雨后一定时间内下降到作物的耐渍深度以下。作物耐渍的地下水深度,因气候、土壤、农作物品种、不同的生长期而不同,具体应根据试验资料而定。

(三)防碱标准

治碱措施可分为农业、水利、化学等。水利措施主要是建立良好的排水系统,控制地下水位。不使土壤返盐的地下水深度,常被称为地下水的临界深度。

三、治涝工程经济分析的特点

治涝工程具有除害的性质,工程效益主要表现在涝灾的减免程度上,即与工程有、无对比在修建工程后减少的那部分涝灾损失,即为治涝工程效益。

在一般情况下,涝灾损失主要表现在农田减产方面。只有当遇到大涝年份涝区长期大量积水时,才有可能发生房屋倒塌,工程或财产损毁等情况。涝灾的大小与暴雨发生的季节、雨量强度、积涝水深、历时、作物耐淹能力等许多因素有关。计算治涝工程效益或估计工程实施后灾情减免程度时,均须作某些假定并采用简化方法,根据不同的假定和不同的计算方法,其计算结果可能差别很大。因此,在进行治涝经济分析时,应根据不同地区的涝灾成因、排水措施等具体条件,选择比较合理的计算分析方法。

治涝工程效益的大小,与涝区的自然条件、生产水平关系很大。自然条件好、生产水平高的地区,农产品产值大,受灾时损失也大,但治涝后效益也大;反之,原来条件比较差的地区,如治涝后生产仍然上不去,相应的工程效益也就比较小。此外,规划治涝工程时,应统筹考虑除涝、排渍、治碱、防旱等问题,只有综合治理,才能获得较大的综合效益。

四、治涝工程经济分析的任务与步骤

治涝工程经济分析的任务,就是对治涝规划区选择合理的治涝标准、工程规模和治涝措施。对于已建的治涝工程,也可提出进一步提高经济效益的建议。

治涝工程经济分析的步骤如下。

(1)根据治涝任务,拟定技术上可行、经济上合理的若干个比较方案。

(2)收集历年的雨情、水情、灾情等基本资料,分析积涝区致涝的原因。

(3)计算各个方案的投资、年运行费、年效益,以及其他经济指标。

(4)分析各个方案的经济效果指标、辅助指标及其他非经济因素;经济效果指标有效益费用比、内部收益率、经济净现值等;辅助指标有年平均减涝面积、工程占地面积、盐碱化地区的治碱面积等。

(5)对各个比较方案进行国民经济评价,并进行敏感性分析。

进行经济分析时,应注意各个方案的条件具有可比性,基本资料、计算原则、研究深度应具有一致性,并以国家有关的方针、政策、规程和规范作为准绳。

五、治涝工程的投资和年运行费

(一)投资计算

治涝工程的投资,应包括使工程能够发挥全部效益的主体工程和配套工程所需的投资。主体工程一般为国家基建工程,例如,输水渠、排水河道、容泄区,以及有关的工程设施和建筑物等。配套工程包括各级排水沟渠及田间工程等,一般为集体筹资,群众出劳力,应分别计算投资。对于支渠以下及田间配套工程的投资,一般有以下两种计算方法。

(1)根据主体工程设计资料及施工记录,对主体及附属工程进行投资估算;有较细项目的基建投资或各基层的用工、用料记录的,则可进行统计分析计算。

(2)通过典型区资料,按扩大指标估算投资。

(二)年运行费计算

治涝工程的年运行费,是指保证工程正常运行每年所需的经费开支,其中包括维护费(含定期大修费)、河道清淤维修费、燃料动力费、生产行政管理费、工作人员工资等。

由于排涝工程面广,加上历来的"重建轻管"思想,不少地方河渠失修,淤积严重,建筑物及设备维护不善,明显降低了工程寿命,增加了大修费用。关于治涝工程的年运行费,可根据工程投资的一定费率进行估算,可参考有关规程的规定。

六、治涝工程的经济效益

治涝工程的经济效益是以修建工程后可减少的涝灾损失值表示的。涝灾的损失主要是农作物的减产损失可通过内涝积水量法、合轴相关分析法、实际年系列法、暴雨笼罩面积法等计算求出。

七、治渍、治碱效益估算

治涝工程往往对排水河道采取开挖等治理措施,从而降低了地下水位,因此同时带来了治渍、治碱效益。当地下水埋深适宜时,作物的产量和质量都可以得到提高,从而达到增产效益,其估算方法如下。

(1)首先把治渍、治碱区划分成若干个分区,调查无工程各分区的地下水埋深、作物种植和产量产值收入等情况,然后分类计算各种作物的收入、全部农作物的总收入和单位面积的平均收入。

(2)拟定几个治渍、治碱方案,分区控制地下水埋深,计算各地下水埋深方案的农作物收入、全区总收入,其与无工程总收入的差值,即治渍、治碱效益。

第五节 灌溉工程经济分析

一、灌溉工程类型

灌溉工程按照用水方式,可分为自流灌溉和提水灌溉;按照水源类型,可分为地表水灌溉和地下水灌溉;按照水源取水方式,又可分为无坝引水、低坝引水、抽水取水和由水库取水等。

当灌区附近水源丰富,河流水位、流量均能满足灌溉要求时,即可选择适宜地点作为取水口,修建进水闸引水自流灌溉。在丘陵山区,当灌区位置较高,当地河流水位不能满足灌溉要求时,可从河流上游水位较高处引水,借修筑较长的引水管渠以取得自流灌溉的水头,此时修建引水工程一般较为艰巨,通常在河流上筑低坝或闸,抬高水位,以便引水自流灌溉。与无坝引水比较,虽然增加了拦河闸坝工程,但可缩短引水管渠,经济上可能是合理的,应作方案比较,才能最终确定。

当河流水量丰富,但灌区位置较高时,则可考虑就近修建提灌站。这样,干渠工程量小,但增加了机电设备投资及其年运行费,一般适用于提水水头较大而所需提水灌溉流量较小的山区、丘陵区。

当河流来水与灌溉用水不相适应时,即河流的水位及流量均不能满足灌溉要求时,必须在河流的适当地点修建水库提高水位并进行径流调节,以解决来水和用水之间的矛盾,并可综合利用河流的水利资源。采用水库取水,必须修建大坝、溢洪道、进水闸等建筑物,工程量较大,且常带来较大的水库淹没损失。对于地下水丰富地区,应以井灌提水为主,或井渠结合相互补充供水灌溉。对某些灌区,可以综合各种取水方式,形成蓄、引、提相结合的灌溉系统。在灌溉工程规划设计中,究竟采用何种取水方式,应通过不同方案的技术经济分析比较,才能最终确定最优方案。

二、灌水方法

根据灌溉用水输送到田间的方法和湿润土壤的方式,灌溉方法大致可分为地面灌溉、渗灌和滴灌,以及喷灌几大类。

(一)地面灌溉

地面灌溉是目前应用最广泛的一种灌溉方式,水进入田间后,靠重力和毛细管作用浸润土壤。按湿润土壤方式的不同,又可分为畦灌、沟灌、淹灌和漫灌四种方式。

1.畦灌

用田埂将灌溉土地分隔成一系列的小畦,灌水时将水引入,使沿畦长方向流动,在流动过程中靠重力和毛细管作用湿润土壤。本法适用于密植作物。

2.沟灌

在作物行距间开挖灌水沟,水在流动过程中靠毛细管作用湿润土壤,其优点为不破坏作物根部附近的土壤结构,不导致田面板结,能减少土壤蒸发损失。本法适用于宽行距的中耕作物。

3.淹灌

用田埂将灌溉土地分成许多格田,灌水时使格田保持一定的水深,靠重力作用湿润土壤。本法主要用于水稻。

4.漫灌

田间不做任何工程,灌水时任其在地面上漫流,借重力作用渗入土壤。漫灌均匀性差,水量浪费大。

（二）渗灌和滴灌

1.渗灌

渗灌,又称地下灌溉,是在地面下铺设管道系统,将灌溉水引入田间耕作层中,靠毛细管作用自下而上湿润土壤。优点是灌水质量好,蒸发损失少,少占耕地,便于机耕;缺点是造价高,检修困难。

2.滴灌

利用一套低压塑料管道系统将水直接输送到每棵果树或作物的根部,水由滴头直接滴注在根部的地表上,然后浸润作物根系。其主要优点是省水,自动化程度高,使土壤湿度保持在最优状态;缺点是需要大量塑料管,投资大。本法适用于果园。

（三）喷灌

利用专门设备将压力水喷射到空中散成细小水滴,像天然降雨般地进行灌溉。其优点是地形适应性强,灌水均匀,灌溉水利用系数高,尤其适合于透水性强的土壤;缺点是基建投资较高,喷灌时受风的影响大。

由于我国水资源短缺,应提倡采用节水灌溉,尽量提高水的利用率。

三、灌溉工程经济分析的任务

灌溉工程经济分析的任务,就是对技术上可能的各种灌溉工程方案及其规模进行效益、投资、年运行费等因素的综合分析,结合政治、社会等非经济因素,确定灌溉工程的最优开发方案,其中包括灌溉标准、灌区范围、灌溉面积、灌水方法等问题。

灌溉工程的经济效果,主要反映在有无灌溉或者现有灌溉土地经过工程改造后农作物产量和质量的提高,以及产值的增加。由于农业生产有其自身的特点,进行灌溉工程经济分析时应注意以下几个问题。

(1)农作物产量与质量的提高,是水、肥料、种子、土壤改良,以及其他农业技术和管理措施综合作用的结果。因此,不能把农业增产的效益全部算在灌溉的账上,应在水利部门与农业等其他部门之间进行合理的分摊,综合措施或综合利用工程的费用,也应在有关受益部门之间进行分摊。

(2)农作物对灌溉水量和灌水时间的要求以及灌溉水源本身,均直接受气候等因素变化的影响。由于水文气象因素每年均不相同,灌溉效益各年也有差异,不能用某一代表年来估算效益。例如,在干旱年份,农作物缺乏灌溉,收成就会大大降低,因此在干旱年份灌溉的效益很大;在风调雨顺年份,即使没有灌溉也可获得丰收,这一年灌溉工程效益就很小;在丰水多雨年份,某些作物根本不需要灌溉,这一年可能就没有灌溉效益。由上述可知,估算灌溉工程效益时,不能采用某一保证率的代表年作为灌溉工程的年效益,必须用某一代表时段(如15年以上,其中包括各种不同典型水文年)逐年估算灌溉效益,求出其多年平均值作为灌溉的年效益。为了全面反映灌溉工程的增产情况,还应计算特大干旱年的效益。

(3)过去有些单位只计算灌溉骨干工程的投资,不考虑配套工程所需的投资,这样就少算了投资项目,结果夸大了灌溉工程的效益。无论是国家投资的骨干工程,还是集体和群众出工出料的配套工程,都是整个灌溉系统不可缺少的组成部分,只有考虑这两部分所需的投资与年运行费,才能与相应灌溉工程效益进行比较。此外,集体与群众所出的材料和劳务支出,必须按规定的价格和标准工资计算,使各部分投资与年运行费均在相同基础上进行核算。

(4)要考虑投资和效益的时间因素,尤其是大型灌溉工程,投资大,工期长,为了减少资金的积压损失,应该考虑分期投资,分期配套,施工一片,完成一片,生效一片,尽快提前发挥工程效益。

四、灌溉工程的投资与年运行费

灌溉工程的投资与年运行费是指全部工程费用的总和,其中包括渠道工程渠系建筑物和设备、各级固定渠道以及田间工程等部分。进行投资计算时,应分别计算各部分的工程量、材料量以及用工量,然后根据各种工程的单价及工资、施工设备租用费施工管理费、土地征收费、移民费以及其他不可预见费,确定灌溉工程的总投资。在规划阶段,由于尚未进行详细的工程设计,常用扩大指标法进行投资估算。

灌溉工程的投资构成一般包括国家及地方的基本建设投资、农田水利事业补助费、群众自筹资金和劳务投资。过去在大中型灌溉工程规划设计中,国家及地方的基建投资一般只包括斗渠口以上部分。进行灌溉工程经济分析时,尚应考虑以下几个部分的费用。

(1)斗渠口以下配套工程(包括渠道及建筑物)的全部费用。过去曾按面积大小及工程难易程度,由国家适当补助一些农田水利事业费,实际上远远不足配套工程所需,群众投资及投工都很大。今后应通过典型调查,求得每亩实际折款数。

(2)土地平整费用。灌区开发后,一种情况是把旱作物改为水稻,土地平整要求高,工程量大;另一种情况是原为旱作物,为适应畦灌、沟灌需要平整土地,可平整为缓坡地形,因而工程量较小。平整土地所需的单位投资,也可通过典型调查确定。

(3)工程占地补偿费。通过调查,求出工程占地亩数。补偿费用有两种计算方式:一是造田,按所需费用赔偿;二是按工程使用年限内农作物产值扣除农业成本费后求出赔偿费。

关于灌溉工程的年运行费,主要如下。

(1)维护费:一般按投资的百分率计算。土建工程为0.5%~1.0%,机电设备为3%~5%,金属结构为2%~3%。

(2)管理费:包括建筑物和设备的日常管理费。

（3）工资及福利费。

（4）水费。

（5）灌区作物的种子、肥料费等。

（6）材料、燃料、动力费，当灌区采用提水灌溉或喷灌方法时，必须计入该项费用，该值随灌溉用水量的多少与扬程的高低等因素而定。

关于灌溉工程的流动资金，是指工程为维持正常运行所需的周转资金，一般按年运行费的某一百分数取值。

五、灌溉工程的经济效益

灌溉工程的国民经济效益，是指灌溉和未灌溉相比所增加的农、林、牧产品按影子价格计算的产值。灌区开发后农作物的增产效益是水利和农业两种措施综合作用的结果，应该对其效益在水利和农业之间进行合理的分摊。

一般来说，有两大类计算方法。

一类是对灌溉后的增产量进行合理分摊，从而计算出水利灌溉分摊的增产量，常用分摊系数表示部门间的分摊比例。

另一类是从产值中扣除农业生产费用，求得灌溉后增加的净产值作为水利灌溉分摊的效益。

我国幅员辽阔，各地气象、水文、土壤、作物构成及其他农业生产条件相差甚大，因此灌溉效益也不尽相同。我国南方及沿海地区，雨量充沛，有些旱作物一般不需要进行灌溉，这类地区灌溉工程的效益主要表现如下。

（1）提高灌区原有水稻种植面积的灌溉保证率。

（2）作物的改制，如旱地改水田等。

（3）由于水利条件的改善以及农业技术措施的提高，可能引起新的作物品种的推广等。

而在我国西北内陆地区，由于雨量少、蒸发量大，干旱成为主要威胁。发展灌溉是保证农作物高产、稳产的基础。

第六节　水力发电工程经济分析

一、概述

（一）电力系统组成与电源规划概述

一般电力系统是把若干座不同类型的发电站（如水电站、火电站、核电站、抽水蓄能电站等）用输电线、变电站、供电线路联络起来成为一个电网，统一向许多不同性质的用户供电,满足各种负荷要求。

电源规划主要是根据各种发电方式的特性和资源条件,决定增加何种形式的电站(如水电、火电、核电等),以及发电机组的容量与台数。承担基荷为主的电站,因其利用率较高,宜选用适合长期运行的高效率机组,如核电机组和大容量、高参数的火电机组等,以降低燃料费用;承担峰荷为主的电站,因其年利用率低,宜选用启动时间短、能适应负荷变化而投资较低的机组,如燃气轮机组等。

(二)不同类型电站的运行特性与规划策略

对于水电机组,在丰水期应尽量满发,承担系统基荷;在枯水期因水量有限而带峰荷。由于水电机组的造价仅占水电站总投资的一小部分,在水电站中适当增加超过保证出力的装机容量(加大装机容量的余量),以避免弃水或减少弃水。对有条件的水电站,世界各国均致力于发展抽水蓄能机组,即系统低谷负荷时,利用火电厂的多余电能进行抽水蓄能;当系统高峰负荷时,再利用抽蓄的水能发电。尽管抽水—蓄能—发电的总效率仅为2/3,但从总体考虑,安装抽水蓄能机组比建造调峰机组经济,尤其对调峰容量不足的系统更是如此。

由于各种电站的动能经济特性不同,不同类型电站在统一的电力系统中运行,可以使各种能源得到更充分合理的利用,电力供应更加安全可靠,供电费用更加节省。

二、水电站投资与枢纽组成

(一)水电站的基本概念与功能

水电站是将水能转换为电能的综合工程设施,又称水电厂。它包括为利用水能生产电能而兴建的一系列水电站建筑物及装设的各种水电站设备。利用这些建筑物集中天然水流的落差形成水头,汇集、调节天然水流的流量,并将它输向水轮机,经水轮机与发电机的联合运转,将集中的水能转换为电能,再经变压器、开关站和输电线路等将电能输入电网。

有些水电站除发电所需的建筑物外,还常有为防洪、灌溉、航运、过鱼等综合利用目的服务的其他建筑物。这些建筑物的综合体称水电站枢纽或水利枢纽。

(二)水电站枢纽的组成建筑物

将水能转换为电能的综合工程设施,一般包括由挡水、泄水建筑物形成的水库和水电站引水系统、发电厂房、机电设备等。水库的高水位水经引水系统流入厂房推动水轮发电机组发出电能,再经升压变压器开关站和输电线路输入电网。水电站枢纽的组成建筑物有以下几种。

1.挡水建筑物

挡水建筑物指用以截断水流,集中落差,形成水库的拦河坝、闸或河床式水电站的厂房等水工建筑物,如混凝土重力坝、拱坝、土石坝、堆石坝及拦河闸等。

2.泄水建筑物

泄水建筑物指用以宣泄洪水或放空水库的建筑物,如开敞式河岸溢洪道、溢流坝、泄洪洞及放水底孔等。

3.进水建筑物

进水建筑物指从河道或水库按发电要求引进发电流量的引水道首部建筑物,如有压、无压进水口等。

4.引水建筑物

引水建筑物指向水电站输送发电流量的明渠及其渠系建筑物、压力隧洞、压力管道等。

5.平水建筑物

平水建筑物指在水电站负荷变化时用以平稳引水建筑物中流量和压力的变化,保证水电站调节稳定的建筑物,对有压引水式水电站为调压井或调压塔,对无压引水式电站为渠道末端的压力前池。

6.厂房枢纽建筑物

水电站厂房枢纽建筑物主要是指水电站的主厂房、副厂房、变压器场、高压开关站、交通道路及尾水渠等建筑物。这些建筑物一般集中布置在同一局部区域形成厂区,厂区是发电、变电、配电、送电的中心,是电能生产的中枢。

(三)水电站的投资构成与经济分析

水电站的投资,一般包括永久性建筑工程(如大坝、溢洪道、输水隧洞、发电厂房等)、机电设备的购置和安装、施工临时工程及库区移民安置等费用。从水电工程基本投资的构成比例看,永久性建筑工程投资占32%～45%,主要与当地地形、地质、建筑材料和施工方法等因素有关;机电设备购置和安装费占18%～25%,其中主要为水轮发电机组和升压变电站,其单位千瓦投资与机组类型、单机容量大小和设计水头等因素有关;施工临时工程投资占15%～20%,其中主要为施工队伍的房建投资和施工机械的购置费等;库区移民安置费用和水库淹没损失补偿费以及其他费用共占10%～35%,这与库区移民的安置数量、水库淹没的具体情况及补偿标准等因素有关。

关于远距离输变电工程投资,一般并不包括在电站投资内,而是单独列为一个工程项目。由于水电站一般远离负荷中心地区,输变电工程的投资有时可能达到水电站本身投资的30%以上,当与火电站进行经济比较时,应考虑输变电工程费用。

水电站单位千瓦投资与电站建设条件关系很大,20世纪50年代平均单位千瓦投资为1000元,后来由于水电站开发条件逐渐困难,库区移民安置标准适当提高,施工机械化程度不断提高,加上物价水平不断上升等原因,水电站平均单位千瓦投资60年代为2000元,70年代为3000元,80年代为4000元,90年代为5000元,进入21世纪后水电站单位千瓦投资已达10000元左右。

举世闻名的长江三峡水利工程,其静态投资(包括输变电工程,以1993年5月价格计算)为1150亿元,水电站装机容量为1820万kW(共有机组26台,单机容量70万kW),折合单位千瓦投资6320元(投资尚未在防洪、发电、航运等受益部门之间分摊),其中库区移民安置费用及远距离高压输变电工程投资分别约占工程总投资的35%及21%。

三、水电站的年运行费

水电站为了维持正常运行每年所需要的各种费用,统称为水电站的年运行费,其中包括下列各个部分。

(一)维护费(包括大修理费)

为了恢复固定资产原有的物质形态和生产能力,对遭到耗损的主要组成部件进行周期性的更换与修理,统称大修理。为了使水电站主要建筑物和机电设备经常处于完好状态,一般每隔两三年需进行一次大修理。由于大修理所需费用较多,每年从电费收入中提存一部分费用作为基金供大修理时集中使用。

$$大修理费=固定资产原值\times 大修理费率$$

此外,尚需对水库和水电站建筑物及机电设备进行经常性的检查、维护与保养,包括对一些小零件进行修理或更换所需的费用。

(二)材料、燃料及动力费

水电站材料费是指库存材料和加工材料的费用,其中包括各种辅助材料及其他生产用的原材料费用。燃料及动力费是指水电站本身运行所需的燃料及厂用电等动力费。

(三)工资

工资包括薪金和福利费以及各种津贴和奖金等,可按电厂职工编制计算。

(四)水费

水电厂与水库管理处往往隶属不同的行政管理系统,由于强调进行企业管理,电厂发电所用的水量应向水库管理处或其主管单位缴付水费。发电专用水的水价应与诸部门(发电、灌溉、航运等)综合利用水量的水价有所不同。

(五)其他费用

其他费用包括保险费、行政管理费、办公费、差旅费等。

以上各种年运行费,可根据电力工业有关统计资料结合本电站的具体情况计算求出。当缺乏资料时,水电站年运行费可按其投资或造价的1%~2%估算,大型电站取较低值,中小型电站取较高值。

四、水电站的国民经济效益

在水电建设项目国民经济评价中,水电站工程效益可用以下两种方法之一来表示其国民经济效益。

(一)用同等程度满足电力系统需要的替代电站的影子费用来表示

水电站的替代方案应是具有调峰、调频能力,并可担任电力系统事故备用容量的火力发电站。一般认为,为满足设计水平年电力系统的负荷要求,如果不修建某水电站,则必须修建其替代电站,两者必选其中之一。换句话说,如果修建某水电站,则可不修建其替代电站,所节省的替代电站的影子费用(包括投资、燃料费与运行费)即为修建水电站的国民经济效益。

(二)用水电站的影子电费收入来表示

用此法计算水电站的国民经济效益比较直截了当,容易令人理解,但困难在于如何确定不同类电量(峰荷电量、基荷电量、季节性电量等)的影子电价。在有关部门制定各种影子电价之前,可参照《建设项目经济评价方法与参数》中的有关规定,结合电力系统和电站的具体条件,分析确定影子电价。对于具有综合利用效益的水电建设项目,应当以具有同等效益的替代建设项目的影子费用作为该水电建设项目的效益,或者采用影子价格直接计算该水电建设项目的综合利用效益。

第八章　社会经济环境影响评价

第一节　社会经济环境影响评价内容

一、水资源评价

(一)水资源评价内容

(1)水资源评价的背景与基础。主要是指评价区的自然概况、社会经济现状、水利工程及水资源利用现状等。

(2)水资源数量评价。主要对评价区域地表水、地下水的数量及其水资源总量进行估算和评价,属基础水资源评价。

(3)水资源品质评价。根据用水要求和水的物理、化学和生物性质对水体质量做出评价,我国水资源评价主要应对河流泥沙、天然水化学特征及水资源污染状况等进行调查和评价。

(4)水资源开发利用及其影响评价。通过对社会经济、供水基础设施和供用水现状的调查,对供用水效率、存在问题和水资源开发利用现状对环境的影响进行分析。

(5)水资源综合评价。在上述四部分内容的基础上,采用全面综合和类比的方法,从定性和定量两个角度对水资源时空分布特征、利用状况,以及与社会经济发展的协调程度做出综合评价。主要内容包括水资源供需发展趋势分析、水资源条件综合分析和水资源与社会经济协调程度分析等。

为准确掌握不同区域水资源的数量和质量以及水量转换关系,区分水资源要素在地区间的差异,揭示各区域水资源供需特点和矛盾,水资源评价应分区进行。其目的是把区内错综复杂的自然条件和社会经济条件,根据不同的分析要求,选用相应的特征指标进行分区概化,使分区单元的自然地理、气候、水文和社会经济、水利设施等各方面条件基本一致,便于因地制宜、有针对性地进行开发利用。

(二)水资源评价分区的主要原则

(1)尽可能按流域水系划分,保持大江大河干支流的完整性,对自然条件差异显著的干流和较大支流可分段划区。山区和平原区要根据地下水补给和排泄特点加以区分。

（2）分区基本上能反映水资源条件在地区上的差别，自然地理条件和水资源开发利用条件基本相同或相似的区域划归同一分区，同一供水系统划归同一分区。

（3）边界条件清晰，区域基本封闭，尽量照顾行政区划的完整性，以便于资料收集和整理，且可以与水资源开发利用与管理相结合。

（4）各级别的水资源评价分区应统一，上下级别的分区相一致，下一级别的分区应参考上一级别的分区结果。

按以上原则逐级分区，就全国而言，可以先按流域和水系划分一级区，再根据水文和水文地质特征及水资源开发利用条件划分为二级或三级区。目前，我国以流域水系为主体共划分了10个水资源一级区；在一级区下，按照基本保持河流水系完整性的原则，划分了80个二级区；在此基础上，考虑流域分区与行政区划相结合的原则，划分了214个三级区。

二、降水量评价

（一）资料的收集和审查

1. 资料的收集

（1）根据资料可靠、系列较长、面上分布均匀、能反映地形和气候变化等原则，在所研究区域内选用适当数目的测站资料[包括水文站、雨量站、气象台（站）的降水资料]，以此作为分析的依据。注意各站资料的同步性。

（2）为了正确绘制边界地区的等值线，为地区间计算结果协调创造条件，需要收集部分系列较长的区域外围站资料以供分析。

（3）对选用资料应认真校对，资料来源和质量应加以注明，如站址迁移、合并和审查意见等。

（4）选用适当比例尺的地形图，作为工作底图，并要求底图清晰、准确，以便考虑地形对降水的影响，从而较易勾绘等值线图。

（5）收集以往有关分析研究成果，如水文手册、图集、水文气象研究文献等，作为统计、分析、编制和审查等值线图时的重要参考资料。

2. 资料的审查

（1）降水量特征值的精度取决于降水资料的可靠程度。为保证质量，对选用资料应进行真实性和一致性审查，对特大值和特小值及新中国成立前资料作为审查的重点。

（2）审查方法通常可以通过本站历年和各站同年资料对照分析，视其有无规律可循，对特大值、特小值要注意分析原因，是否在合理范围内；对突出的数值，要深入对照其汛期、月、日的有关数据，方能定论。此外，对测站位置和地形影响也要进行审查、分析。对资料的审查和合理性检查,应贯穿整个工作的各个环节,如资料抄录、插补延长、分析计算和等值线绘制等环节。

(二)单站统计分析

单站统计分析的主要内容是对已被选用各站的降水资料分别进行插补延长、系列代表性分析。

1.资料的插补延长

为减少样本的抽样误差,提高统计参数的精度,对缺测年份的资料应当插补,对较短的资料系列应适当延长,但展延资料的年数不宜过长,最多不超过实测年数,相关线无实测点据控制的外延部分的使用应特别慎重,一般不宜超过实测点数变幅的50%。资料插补延长的主要途径如下。

(1)直接移用

两站距离很近,并具有小气候、地形的一致性时,可以合并进行统计或将缺测的月、年资料直接移用。

(2)相关分析

相关分析是资料插补延长方法中适用范围较广、效果较好的一种方法,这种方法的关键是选择适当的参证站或参证变量。在实际工作中,通常利用年降水量和汛期雨量作为参证变量来插补展延设计站变量。

(3)汛期雨量与年降水量相关关系移置法

当设计站年降水量资料很少(年数 $n < 10$)或没有年降水量资料,只有长期汛期降水量资料(如汛期雨量站)时,不能直接采用上述两种方法。为了充分利用现有雨量资料,更合理、更准确地推求汛期雨量站的年降水量,可采用汛期雨量与年降水量相关关系移置法。

(4)等值线图内插

利用设计站附近雨量站降水资料,绘制局部次降水量、月降水量、汛期降水量、非汛期降水量和年降水量等值线图,用以插补制图范围内设计站点的降水量。

(5)取邻站均值

在地形、气候条件一致的地区,多用同期邻近几个站的算术平均值代替缺测站点的资料。此法一般用在非汛期,因为非汛期降水在面上变化较小。

(6)同月多年平均

对缺测个别非汛期月份的站,因非汛期各月降水量不大,占年降水量的比重又很小,且年际变化不大,也可采用同月降水量的多年平均值进行插补。

(7)水文比拟法

在地理相似区,可将插补站与参证站同步观测降水量均值的比值,作为缺测期间两站降水量的比值,以插补缺测的年(或月)降水量。

2.资料的代表性分析

(1)资料的代表性分析目的

资料的代表性,指样本资料的统计特性(如参数)能否很好地反映总体的统计特性,若样本的代表性好,则抽样误差就小,年降水成果精度就高。如果实测年降水样本系列是总体中的一个平均样本,那么这个实测样本系列对总体而言有较好的代表性,据此计算的统计参数接近总体实际情况;如果实测样本系列处于总体的偏丰或偏枯时期,则实测样本系列对总体就缺乏代表性,用这样的样本进行计算会产生较大的误差。

因降水系列总体的分布是未知的,若仅有几年样本系列,是无法由样本自身来评定其代表性的。据统计数学的原理可知,样本容量越大,抽样误差越小,但也不排除短期样本的代表性高于长期样本的可能性,只不过这种可能性较小而已。因此,样本资料的代表性好坏通常通过其他长系列的参证资料来分析推断。那么,对特定区域而言,年降水样本系列究竟取多长年限才能代表总体,样本和总体统计参数的差别如何,这些就是系列代表性分析所要解决的问题。

(2)系列代表性分析方法

系列代表性分析方法有:①长短系列统计参数对比;②年降水量模比系数累积平均过程线分析;③年降水量模比系数差积曲线分析。

三、地表水资源量评价

(一)资料收集与审查

1.资料收集

地表水资源指天然河川径流,但由于人类活动等影响,许多河流的天然径流过程发生了很大变化,实测径流量往往与天然状态之间产生很大的差异。因此,在地表水资源评价中,除收集径流资料外,还必须收集各种人类活动对河川径流影响的资料。如区域社会经济、自然地理特征、水文气象、水资源开发利用等资料,同时还要收集以往水文、水资源分析计算和研究成果,包括以往省级、市县级的水资源调查评价、水资源综合规划、灌区规划、城市应急供水规划跨流域调水规划,以及水文图集、水文手册、水文特征值统计等。

2.资料审查

降水量分析计算成果的精度与合理性取决于原始资料的可靠性、一致性及代表性。原始资料的可靠性不好,就不可能使计算成果具有较高精度。同样,资料的一致性与代表性不好,即使成果的精度较高,也不能正确反映水资源特征,造成成果精度高而不合理的现象。

（1）可靠性审查

可靠性审查是指对原始资料的可靠程度进行鉴定。例如,审查观测方法和成果是否可靠,了解整编方法与成果的质量。一般来说,经过整编的资料已对原始成果做了可靠性及合理性检查,通常不会有大的错误。但也不能否认可能有一些错误未检查出来,甚至在刊印过程中会有新的错误带入。

降水资料的可靠性可通过与邻近站资料比较、与其他水文气象要素比较等途径进行分析。径流资料的可靠性可从上下游水量平衡、径流模数、水位流量关系、降雨径流关系等方面分析检查。水位资料可靠性重点应从水位观测断面、基准面等方面进行检查核实;对于用水资料,应从资料的来源统计口径和区域上的用水水平等方面进行检查,并与已有的规划或科研成果进行对比,分析供、用、耗、排关系,以确保资料正确可靠性。

（2）一致性审查

资料的一致性是指一个系列不同时期的资料成因是否相同。对于降水资料,其一致性主要表现在测站的气候条件及周围环境的稳定性上。一般来说,大范围的气候条件变化,在短短的几十年内,可认为是相对稳定的,但人类活动往往形成测站周围环境的变化引起局部地区小气候的变化,从而导致降水量的变化,使资料一致性遭到破坏,此时就要把变化后的资料进行合理的修正,使其与原系列一致。另外,观测方法改变或测站迁移往往造成资料的不一致,特别是测站迁移可能使环境影响发生改变,对于这种现象,也要对资料进行必要的修正。

径流资料的一致性是指形成径流的条件要一致,比如,某一断面流量系列资料应是在同样的气候条件、同样的下垫面条件、测流断面以上流域同样的开发利用水平和同一测流断面条件下获得的。径流资料的一致性受气候条件、下垫面和人类活动三个方面的影响,其分析方法分为两大类:一类是用来判断资料整体趋势的方法,如Kendall秩次相关检验法、Spearman秩次相关检验法、滑动平均检验法等;另一类是判断资料中跳跃成分的方法,如累积曲线法、Lee-Heghinan法、有序聚类分析法和重标度极差分析法（R/S）等。

（3）代表性分析

资料代表性是指样本资料的统计特性能否很好地反映总体的统计特性,也称系列代表性。当应用数理统计法进行水文要素的分析计算时,计算成果的精度取决于样本对总体的代表性。代表性好,实际误差就小;反之,代表性差,实际误差就大。因此,资料代表性分析对衡量频率计算成果的精度具有重要意义。

水文资料的代表性分析,主要是通过对系列的周期、稳定期和代表期分析来揭示系列对总体的代表程度。水资源评价中最常用的是长短系列相对误差分析法,它是对长系列资料通过长短系列统计参数相对误差来分析代表性的一种方法。这里所说的短系列,是指对一个长系列样本按不同时段划分后形成的子系列。较长的系列中包含了较短的系列,即系列的起点相同,终点不同。具体做法如下:

(1)计算长系列的统计参数 $\bar{x}$、C_v、$\dfrac{C_s}{C_v}$;

(2)将长系列分成几个短系列,分别计算各短系列的统计参数 $\bar{x}_1$、C_{v1}、$\dfrac{C_{s1}}{C_{v1}}$、$\bar{x}_2$、C_{v2}、$\dfrac{C_{s2}}{C_{v2}}$,…,$\bar{x}_n$、C_{vn}、$\dfrac{C_{sn}}{C_{vn}}$;

(3)将各短系列的统计参数与长系列的统计参数进行比较。其中,相对误差最小的一个短系列时期即可认为是一个稳定期或代表期。

水资源评价是区域性的,评价区内各测站的观测记录长短不一,若依据有较长系列站点的分析结果确定的代表期较长,则可能不得不对其他站点的资料进行大量插补展延,有可能使资料的可靠性降低。因此,确定代表期时,要对现有资料站点的实测资料系列长短进行综合考虑,确定出合理的代表期。一般来说,应使主要依据站的资料不致有较多的插补展延。

(二)径流的还原计算

地表水资源指天然河川径流,但由于人类活动等影响,许多河流的天然径流过程发生了很大变化,实测径流量往往与天然状态之间存在很大的差异。

在天然情况下,气候条件在一定时期内会有缓慢的变化,如趋于温暖或寒冷;下垫面也在不断变化,如树木的生长、作物品种的更换等。因此,严格地说,不可能存在完全一致的资料。但大规模的气候变迁在几十年乃至上百年内可能不很明显,而人类活动对水资源的影响最终表现为改变其分配和转化(包括各个水平衡要素的时程分配、地区分配以及各要素之间的比例分配和转化方式),各水文站实测到的河川径流已不能反映其天然径流过程。为使河川径流及分区水资源量的计算成果基本上反映天然情况,并确保资料系列具有一致性,以满足数理统计方法的分析计算要求,对测站以上受水利工程及其他人类活动影响而消耗、减少及增加的水量,均要进行还原。

地下水的开采会影响河川径流,在进行径流的还原计算时也要注意到地下水开采的影响。但是,因观测和研究不够,尚无法按上述要求进行全面的还原,目前的还原计算主要是针对径流而言的,如农业灌溉耗水量、水库的损失水量和蓄水变量、城市耗水量以及对下垫面条件有较大影响的人工措施所造成的水量变化等。

如果流域内能比较明显地区分人类活动影响前后的分界时间,且影响较大,如在北方地区,多年来,最大的年用水量等人类活动引起的径流量改变值达到多年平均年径流量的10%,或者枯水年的改变值占当年实测年径流量的20%,则应设法将受影响的资料加以还原。但受实测资料的限制,实践中可能无法判定大规模受人类活动影响前后的分界时间,因此,实际工作中往往把新中国成立前作为基本不受人类活动影响的天然状态。还原计算时要按河系自上而下对各水文站控制断面分段进行,然后累计计算。径流还原计算常用的有分项调查还原法、降水径流模型法。

1.分项调查还原法

对流域中各项影响因素所造成的径流变化逐一调查、观测或估算出来,就可获得总的还原水量。在某一计算时段内,流域径流量的平衡方程可以表述为:

$$W_{天然} = W_{实测} + W_{农业} + W_{工业} \pm W_{生活} \pm W_{调蓄} \pm W_{水保} +$$
$$W_{蒸发} \pm W_{引水} + W_{分洪} + W_{渗漏} \pm W_{其他}$$

式中:$W_{天然}$为还原后的天然径流量,万 m^3;$W_{实测}$为实测径流量,万 m^3;$W_{农业}$为农业灌溉净耗水量,万 m^3;$W_{工业}$为工业净耗水量,万 m^3;$W_{生活}$为生活净耗水量,万 m^3;$W_{调蓄}$为蓄水工程的蓄水变量(增加为"+",减少为"-"),万 m^3;$W_{水保}$为水土保持措施对径流的影响水量,万 m^3;$W_{蒸发}$为水面蒸发增损量,万 m^3;$W_{引水}$为跨流域引水量(引出为"+",引入为"-"),万 m^3;$W_{分洪}$为河道分洪水量(分出为"+",分入为"-"),万 m^3;$W_{渗漏}$为水库渗漏水量,万 m^3;$W_{其他}$包括城市化、地下水开发等对径流的影响水量,万 m^3。

当调查资料齐全,还原计算要求较高,需要分汛期或逐月逐旬还原时,可用过程还原法;仅要求还原年总量时,用总量还原法。

2.降水径流模型法

降水径流模型法适用于难以进行人类活动措施调查,或调查资料不全的情况下直接推求天然径流量。其基本思路是首先建立人类活动显著影响前的降水径流模型,然后用人类活动显著影响以后各年的降水资料,用上述降水径流模型,求得不受人类活动影响的天然年径流量及其过程。显然,还原水量即计算的天然年径流量与实测年径流量的差值。

建立人类活动前的降水径流模型是该方法的关键。考虑到要完全依赖不受人类活动影响的资料建立降水径流模式,在许多地区存在不少实际困难。为了保证建立的模式有足够的资料,可适当加入某些人类活动影响较小且还原精度较高的还原后天然径流。

用于还原的降水径流模型有两种:一是多元回归分析法,二是产流模型法。

径流还原计算的主要困难是径流资料不足,有的流域没有实测水文气象资料;有的流域虽有一定的实测资料,但均是受人类活动影响后的情况,难以建立模型。针对以上两类问题,可用地区综合和水文比拟的方法解决。在气候和下垫面条件比较一致的地区,径流的形成规律基本一致,流域模型的结构和参数也基本一致,或者模型参数会有一定的地区分布规律,故可对周围地区有资料的流域进行分析,然后直接移用到无资料流域,或经过一定的修正后移用。

（三）蒸发量分析计算

蒸发是水循环的重要环节，是水量平衡的要素。流域（区域）蒸发量是流域（区域）面积上的综合蒸发量，包括水面蒸发、土壤蒸发和植物散发三部分。流域（区域）蒸发量还不能有效测量，一般按照水量平衡方程估算。水面蒸发量反映了当地的大气蒸发能力，也是计算地下潜水蒸发的主要依据。因此，在水资源评价时主要是根据各测站资料对评价区的水面蒸发量进行分析。

1.水面蒸发量分析与计算

自然水体的水面蒸发反映一个地区的蒸发能力。如有实测大水面蒸发资料，可直接应用。但是大水面蒸发量的观测往往比较困难，很难得到实测资料。常用的都是通过观测小面积水面蒸发，并找出小面积水面蒸发与大面积水面蒸发之间的关系来间接推求大面积的水面蒸发，这就是常说的蒸发器（皿）折算法。

对于水面蒸发量资料的观测，不同的部门采用了不同型号的蒸发器，而且设站的下垫面情况也不一样。早在20世纪50—60年代，我国就在全国各地建立了20~100 m^2 的大型蒸发池。20世纪80年代以前，观测器（皿）比较复杂，主要有苏联的地埋式蒸发器、E_{601}蒸发器、$\phi 80$ cm和$\phi 20$ cm蒸发器（皿）。地埋式蒸发器的水面面积为3000 cm^2，已被世界气象组织定为一般观测站观测水面蒸发的标准仪器，我国一些地区也有这种蒸发器的观测资料。但20世纪80年代后，已全部改用改进后的E_{601}蒸发器，北方结冰期有的改用$\phi 20$ cm蒸发器。气象部门比较统一使用的是$\phi 20$ cm蒸发器。

由于气候、季节、仪器构造、口径大小、安装方式及观测等因素的影响，各种仪器的实测水面蒸发值相差悬殊，为了使不同型号蒸发器观测到的水面蒸发资料具有相同的代表性，须将不同型号蒸发器的观测值，统一折算为同一蒸发面。按全国统一规定，水面蒸发以E_{601}蒸发器的观测值计算，其他类型的观测值应通过折算系数折算为相应的E_{601}蒸发值。

水面蒸发量的计算除蒸发器（皿）折算法外，还有水量平衡法、经验公式法、概念法、理论法等。无论用何种方法，在计算前，都必须收集水文和气象部门的蒸发资料，并对各站历年使用的蒸发器（皿）型号、规格、水深等均作详细调查考证。在此基础上，对资料进行审查。

2.水面蒸发的时空分布

水面蒸发是反映区域蒸发能力的重要指标。一个地区蒸发能力的大小又对自然生态、人类生产活动，特别是农业生产具有重要影响。水面蒸发在面上的分布特点可用水面蒸发等值线图表示。水面蒸发等值线图的绘制方法同降水量等值线图绘制方法，蒸发量大于1000 mm时等值线线距一般为200 mm，蒸发量小于1000 mm时等值线线距为100 mm。

由于水面蒸发是反映一个地区气候干旱是否的重要指标，在一年内，不同月份由于蒸发条件不同,蒸量也有所不同。水面蒸发大,表明气候干燥、炎热,植(作)物生长需要较多的水分。因此,对水面蒸发年内分配的分析应包括了解不同月份及不同季节蒸发量所占总蒸发量的比重,可利用评价区内代表站的水面蒸发资料进行分析。在有蒸发站的水资源三级区内,至少选取一个资料齐全的蒸发站,参考降水量年内分配的计算方法计算多年平均水面蒸发量的月分配。

水面蒸发的大小,主要受气温、湿度、风速、太阳辐射等影响,而这些气象要素在特定的地理位置年际变化很小,因此决定了水面蒸发量年际变化较小。水面蒸发的年际变化特性可用统计参数等来反映(参考降水量的年际变化)。

3.干旱指数

干旱指数反映一个地区气候的干湿程度,用年蒸发能力与年降水量的比值表示,即:

$$r = \frac{E_m}{x}$$

当 $r > 1$ 时,表明年蒸发能力大于年降水量,气候干燥,r 值越大,反映气候越干燥;当 $r < 1$ 时,表明年降水量大于年蒸发能力,气候湿润,r 值越小,反映气候越湿润。我国用干旱指数将全国划分为五个气候带:十分湿润带($r < 0.5$)、湿润带($0.5 \leqslant r < 1.0$)、半湿润带($1.0 \leqslant r < 3.0$)、半干旱带($3.0 \leqslant r < 7.0$)和干旱带($r \geqslant 7.0$)。

计算干旱指数时一般采用 E_{601} 蒸发器的蒸发值作为蒸发能力来计算干旱指数,其精度取决于降水量和蒸发资料的可靠性和一致性。因此,要求降水量和蒸发量资料较好且尽可能是同一观测场的观测值。

多年平均年干旱指数可根据蒸发站 E_{601} 蒸发器观测的多年平均年蒸发量与该站多年平均降水量之比求得,也可将同期的多年平均降水量等值线图与多年平均水面蒸发量等值线图重叠在一起,用交叉点法(或网格法)求出交叉点(或网格中心)的干旱指数。

四、地下水资源量评价

(一)地下水资源的概念与分类

赋存于地壳表层可供人类利用的,本身又具有不断更新、恢复能力的各种地下水量称为地下水资源,是地球上总水资源的一部分。地下水资源具有可恢复性、调蓄性和转化性等特点。

地下水资源常见的分类方法如下。

1.以水均衡(水量平衡原理)为基础的分类法

一个均衡单元在某均衡时段内,地下水补给量、排泄量和储存量的变化符合水量平衡原理,据此可将地下水资源分为补给量、排泄量和储存量三类。

补给量是指某时段内进入某一单元含水层或含水岩体的重力水体积,分为天然补给量、人工补给量和开采补给量。

排泄量是指某时段内从某一单元含水层或含水岩体中排泄出去的重力水体积,分为天然排泄量和人工开采量两类。

储存量是指储存在含水层内的重力水体积,分为容积储存量和弹性储存量。其中,容积储存量是指潜水含水层中所容纳的重力水体积;弹性储存量是指将承压含水层的水头降至含水层顶板以上某一位置时,由于含水层的弹性压缩和水体积弹性膨胀所释放的水量。

由于地下水位是随时变化的,所以储存量也随时增减。天然条件下,在补给期内,补给量大于排泄量,多余的水量便在含水层中储存起来;在非补给期,地下水消耗大于补给,则动用储存量来满足消耗。在人工开采条件下,如开采量大于补给量,就要动用储存量,以支付不足;当补给量大于开采量时,多余的水变为储存量。可见,储存量起着调节作用。

2.以分析补给资源为主的分类法

区域地下水资源评价时,一般把地下水资源分为补给资源和开采资源,并着重分析补给资源,在此基础上估算开采资源。

(1)补给资源

补给资源是指在地下水均衡单元内,通过各种途径接受大气降水和地表水的入渗补给而形成的具有一定化学特征、可资利用并按水文周期呈规律变化的多年平均补给量。补给资源的数量一般用区域内各项补给量的总和表示。

(2)开采资源

开采资源是用可开采量表示的。可开采量是在技术上可行、经济上合理和不造成水位持续下降、水质恶化及其他不良后果条件下可供开采的多年平均地下水量。在区域地下水资源评价中,一般可开采量与总补给量相当,用多年平均总补给量作为可开采量。

(二)计算分区

地下水的补给、径流、排泄情势受地形地貌、地质构造及水文地质条件的制约,地下水资源量评价是按照水文地质单元进行的,然后归并到各水资源分区和行政分区。

(三)地下水资源评价

地下水资源评价就是要求摸清在当地(或评价区)水文地质条件下,地下水的开采和补给条件及其之间的相互关系,分析其变化情况,从而制定地下水开发利用规划。地下水资源评价,最主要的是计算地下水允许开采量(也称可开采量),因为它是地下水资源评价的目的所在。允许开采量是指在经济合理、技术可能的条件下,不引起水质恶化和水位持续下降等不良后果时开采的浅层地下水量。地下水资源评价根据其依据的理论可以有如下几种方法。

1.水量平衡法(水均衡法)

对一个均衡区的含水层来说,在补给和消耗的不平衡发展过程中,在任一时段内的补给量和消耗量之差,恒等于这个含水层中水体积(严格说是质量)的变化量。

2.开采系数法

在水文地质研究程度较高,并有开采条件下的地下水总补给量、地下水位、实际开采量等长系列资料的地区,可用开采系数法确定多年平均可开采量。

3.相关分析法

该法适用于对已开采的潜水和承压水的旧水源地扩大开采时的评价,对新水源地不适用。旧水源地扩大开采时,在边界条件和开采条件变化不大时,用该法进行水位或开采量预报,结果较为可靠。开采量同许多因素(如水位、开采时间、开采面积和水文气象)是相互关联而又相互制约的,因此可根据地下水的两个或多个主要因素的大量实际观测数据分析出它们之间相互关系的表达式,然后用外推法进行预报,故又称为相关外推法。

4.开采试验法

在水文地质条件复杂的地区,如一时难以查清水文地质条件(主要是补给条件),而又亟须做出评价时,可打勘探开采井,并按开采条件(开采降深和开采量)进行抽水试验。根据试验结果可以直接评价开采量。这种评价方法,对潜水或承压水,新水源地或旧水源地扩建都适用。但主要适用于水文地质条件比较复杂、岩性不均一的中、小型水源地。

5.数值法

随着计算机技术的迅速发展,数值法作为一种求近似解的方法被广泛用于地下水水位预报和资源评价中。特别是对含水层是非均质、变厚度、隔水底板起伏不平、边界条件和地下水补给及排泄系统较为复杂时,解析法求解很困难,甚至无能为力的情况下,它便能显示其优越性。

数值法是指把刻画地下水运动的数学模型离散化,把定解问题化成代数方程,解出区域内有限个节点上的数值解。

地下水资源评价中常用的数值法为有限差分法和有限单元法。有限差分法,特别是交替方向隐式差分法,计算速度快,占用内存少,同时比较直观,简单易懂,在数学理论上比较成熟,但时间步长受到较大的限制。有限单元法对第二类边界条件不必做专门处理,可以自动满足,单元大小和形状视需要取用,比有限差分法有较大的灵活性。一般情况有限单元法比有限差分法有更高的精度,但有限单元法占用的内存较多,在编排结点号码、编制程序和选用求解线性方程组方法时,应加以考虑。

五、水资源总量评价

(一)水资源总量的概念

地表水、土壤水和地下水是陆面上普遍存在的三种水体,大气降水是其主要补给来源,自然条件下这四种水体之间转化关系可用区域水循环概念模型表示。

在一个区域内,如果把地表水、土壤水和地下水作为一个系统,则天然条件下的总补给量为降水量,总排泄量为河川径流量、总蒸(散)发量和地下潜流量之和。根据水量平衡原理,总补给量和总排泄量之差为区域内地表水、土壤水和地下水的蓄水变量。一定时段内的区域水量平衡方程为:

$$P = R + E + U_g \pm \Delta V$$

式中:P 为降水量;R 为河川径流量;E 为总蒸(散)发量;U_g 为地下潜流量;ΔV 为地表水、土壤水和地下水的蓄水变量。

各量的单位均为万 m^3 或亿 m^3。

在多年平均情况下,蓄水变量可忽略不计,则公式变为:

$$P = R + E + U_g$$

可将河川径流量 R 划分为地表径流量 R_s(包括坡面流和壤中流)和河川基流量 R_G。将总蒸散发量 E 划分为地表蒸散发量 E_s(包括植物截留损失、地表水体蒸发和包气带蒸散发)和潜水蒸发量 E_G,相应式可写成:

$$P = (R_s + R_G) + (E_s + E_G) + U_g$$

根据地下水多年平均补给量和多年平均排泄量相等的原理,在没有外区来水的情况下,区域内地下水的降水入渗补给量 U_p 应等于河川基流量、潜水蒸发量和地下水潜流量之和,即:

$$U_p = R_G + E_G + U_g$$

将上述两式合并,则得区域内降水量与地表径流量、地下径流量(包括垂向运动)、地表蒸散发量的平衡关系,即:

$$P = R_s + E_s + U_p$$

我们将区域内水资源总量 W 定义为当地降水形成的地表和地下的产水量,则有:

$$W = R_s + U_p = P - E_s$$

或

$$W = R + U_g + E_G$$

上述两式是将地表水和地下水统一考虑时区域水资源总量计算的两种公式。把河川基流量归并在地下水补给量中,把河川基流量归并在河川径流量中,这样可以避免重复水量的计算。潜水蒸发可以由地下水开采而夺取,故把它作为水资源的组成部分。

(二)水资源总量的计算

在水量评价中,我们把河川径流量作为地表水资源量,把地下水补给量作为地下水资源量,由于地表水和地下水相互联系和相互转化,河川径流量中包括了一部分地下水排泄量,而地下水补给量中又有一部分来自地表水体的入渗,故不能将地表水资源量和地下水资源量直接相加作为水资源总量,而应扣除相互转化的重复水量,即:

$$W = R + Q - D$$

式中:W 为水资源总量;R 为地表水资源量;Q 为地下水资源量;D 为地表水和地下水相互转化的重复水量。

各量的单位均为万 m^3 或亿 m^3。

由于重复水量 D 的确定方法因区内所包括的地下水评价类型区而异,故分区水资源总量的计算方法也有所不同。

六、水资源质量评价

(一)评价的内容和要求

水资源质量的评价,应根据评价的目的、水体用途、水质特性,选用相关的参数和相应的国家、行业或地方水质标准进行评价。内容包括河流泥沙分析、天然水化学特征分析、水资源污染状况评价。

河流泥沙是反映河川径流质量的重要指标,主要评价河川径流中的悬移质泥沙。天然水化学特征是指未受人类活动影响的各类水体在自然界水循环过程中形成的水质特征,是水资源质量的本底值。水资源污染状况评价是指地表水、地下水资源质量的现状及预测,其内容包括污染源调查与评价、地表水资源质量现状评价,地表水污染负荷总量控制分析、地下水资源质量现状评价、水资源质量变化趋势分析及预测、水资源污染危害及经济损失分析、不同质量的可供水量估算及适用性分析。

水质评价,可按时间分为回顾评价、预断评价;按用途分为生活饮用水评价、渔业水质评价、工业水质评价、农田灌溉水质评价、风景和游览水质评价;按水体类别分为江河水质评价、湖泊水库水质评价、海洋水质评价、地下水水质评价;按评价参数分为单要素评价和综合评价;对同一水体更可以分别对水、水生物和底质进行评价。

地表水资源质量评价应符合下列要求。

(1)在评价区内,应根据河道地理特征、污染源分布、水质监测站网,划分成不同河段(湖、库区)作为评价单元。

(2)在评价大江、大河水资源质量时,应划分成中泓水域与岸边水域,分别进行评价。

(3)应描述地表水资源质量的时空变化及地区分布特征。

(4)在人口稠密、工业集中、污染物排放量大的水域,应进行水体污染负荷总量控制分析。

地下水资源质量评价应符合下列要求。

(1)选用的监测井(孔)应具有代表性。

(2)将地表水、地下水作为一个整体,分析地表水污染、纳污水库、污水灌溉和固体废弃物的堆放、填埋等对地下水资源质量的影响。

(3)描述地下水资源质量的时空变化及地区分布特征。

(二)评价方法介绍

水资源质量评价是水资源评价的一个重要方面,是对水资源质量等级的一种客观评价。无论是地表水还是地下水,水资源质量评价都以水质调查分析资料为基础,可分为单项组分评价和综合评价。单项组分评价是将水质指标直接与水质标准比较,判断水质属于哪一等级。综合评价是根据一定评价方法和评价标准综合考虑多因素进行的评价。水资源质量评价因子的选择是评价的基础,一般应按国家标准和当地的实际情况确定评价因子。

评价标准的选择,一般应依据国家标准和行业或地方标准来确定。同时还应参照该地区污染起始值或背景值。水资源质量单项组分评价就是按照水质标准,如《地下水质量标准》(GB/T 14848—2017)、《地面水环境质量标准》(GB 3838—2002)所列分类指标划分类别,代号与类别代号相同。不同类别的标准值相同时从优不从劣。例如,地下水挥发性酚类Ⅰ、Ⅱ类标准值均为 0.001 mg/L,若水质分析结果为 0.001 mg/L 时,应定为Ⅰ类,不定为Ⅱ类 。

对于水资源质量综合评价,有多种方法,大体可以分为评分法、污染综合指数法、一般统计法、数理统计法、模糊数学综合评判法、多级关联评价方法、Hamming 贴近法等,不同的方法各有优缺点。现介绍几种常用的方法。

1.评分法

评分法是水资源质量综合评价的常用方法。具体要求与步骤如下。

(1)首先进行各单项组分评价,划分组分所属质量类别。

(2)对各类别分别确定单项组分评价分值 F_i,见表 8—1。

表 8-1 各类别分值 F_i

类别	Ⅰ	Ⅱ	Ⅲ	Ⅳ	Ⅴ
F_i	0	1	3	5	10

2.一般统计法

一般统计法以检测点的检出值与背景值或饮用水卫生标准做比较,统计其检出数、检出率、超标率等。一般以表格法来反映,最后根据统计结果评价水资源质量。其中,检出率是指污染组成占全部检测数的百分数。超标率是指检出污染浓度超过水质标准的数量占全部检测数的百分数。对于受污染的水体,可以根据检出率确定其污染程度,比如单项检出率超过 50%,即为严重污染。

3.多级关联评价方法

多级关联评价方法是一种复杂系统的综合评价方法。它依据监测样本与质量标准序列间的几何相似分析与关联测度,来度量监测样本中多个序列相对某一级别质量序列的关联性。关联度越高,就表明该样本序列越贴近参照级别,这就是多级关联综合评价的信息和依据。它的特点如下。

(1)评价的对象可以是一个多层结构的动态系统,即同时包括多个子系统。

(2)评价标准的级别可以用连续函数表述,也可以在标准区间内进行更细致的分级。

(3)方法简单可行,易与现行方法对比。

七、水资源可利用量计算

水资源可利用量,是指在可预见的时期内,在统筹考虑生活、生产和生态用水的基础上,通过经济合理、技术可行的措施在当地水资源量中可一次性利用的最大水量。

(一)地表水资源可利用量的计算方法

地表水资源可利用量可用地表水资源量减去河道内最小生态需水量和汛期下泄洪水量计算得到:

$$W_{su} = W_q - W_e - W_f$$

式中:W_{su}为地表水资源可利用量;W_q为地表水资源量;W_e为河道内最小生态需水量;W_f为汛期洪水弃水量。

(二)地下水资源可开采量的计算方法

地下水资源可开采量计算方法很多,但一般不宜采用单一方法,而应同时采用多种方法并将其计算成果进行综合比较,从而合理地确定可开采量。分析确定地下水资源可开采量的方法有实际开采量调查法、开采系数法等。

1.实际开采量调查法

实际开采量调查法适用于浅层地下水开发利用程度较高、开采量调查统计较准、潜水蒸发量较小、水位动态处于相对稳定的地区。若平水年年初、年末浅层地下水位基本相等,则该年浅层地下水实际开采量便可近似地代表多年平均浅层地下水可开采量。

2.开采系数法

在浅层地下水有一定开发利用水平的地区,通过对多年平均实际开采量、水位动态特征、现状条件下总补给量等因素的综合分析,确定出合理的开采系数值,则地下水多年平均可开采量等于开采系数与多年平均条件下地下水总补给量的乘积。在确定地下水开采系数时,应综合考虑浅层地下水含水层岩性及厚度、单井单位降深出水量、平水年地下水埋深、年变幅、实际开采模数和多年平均总补给模数等因素。

(三)水资源可利用量分析内容

在区域水资源量调查成果的基础上,根据水利工程现状及今后若干年水利开发利用规划,分析计算各分区可利用水资源量。在分析计算中,对过境水量应按有关协议、惯例及已用情况统计计算,遇有矛盾之处,由上一级水资源管理部门协调解决;计划兴建工程按设计供水量资料确定,并加以说明。

可利用水资源量的分析计算内容主要包括下列四种情况:多年平均水资源可利用量;保证率 $P=50\%$ 的水资源可利用量;保证率 $P=75\%$ 的水资源可利用量;保证率 $P=95\%$ 的水资源可利用量。保证率原则上以供水保证率为准,缺乏资料地区也可以用降水保证率替代。

八、水资源开发利用及其影响评价

(一)水资源开发利用

1.水资源开发利用的综合利用原则

水资源是一切资源中与人类的生产、生活关系最为密切的自然资源。人类对水资源的开发利用,从公元前3000年,埃及人在尼罗河首设水尺观察水位涨落,并筑堤开渠开始,到19世纪末20世纪初,近代意义的大坝水库在世界许多河流上纷纷筑造为止,经历了极为漫长的发展岁月。这一历经数千年的漫长发展过程,是伴随着水利工程学(包括水文学、水力学和水工建筑学等)在科学理论、方法、技术等方面的逐渐发展进步而不断前进的。这一时期及其以前,水资源开发利用的主要特点是:水资源(水利)枢纽工程大多限于单一水库的规划设计和运行;功能上则以单用途单目标开发较多,如单纯的防洪滞洪水库,或航运渠化闸坝、灌溉引水或发电为目的的水库、堰坝等。而在此时期之末,由于生产需要的发展及高坝技术和高压输电技术的进展,水库综合利用的思想已开始萌芽。

近代水资源开发利用策略思想的一个重要发展,就是综合利用思想的兴起。水资源本质上具有多功能、多用途的特性,同时由于人口和工农业生产的迅猛发展,水资源需求量也越来越大,很多地区开始显得不足,"水环境问题"也越来越突出。这样,一库多用、一水多效的综合利用的思想迅速推广。因此,近代水资源这一名词含有从多学科的途径及现代的要求(如包括环境、水质等),来对水的需要进行设计、运行和管理的含义,体现了水资源综合利用的原则。

所谓水资源综合利用的原则,就是按照国家对环境保护、人水和谐、社会经济可持续发展战略方针,充分合理地开发利用水资源,来满足社会各部门(包括水利、防洪、交通、农业及城市供水、环境、旅游等部门)对水的需求,尽可能获取最大的社会、经济和环境综合效益。按照这个原则,水资源利用的趋向,应越来越向多单元、多目标发展,但由于各目标有一致的方面,又有矛盾的方面,在开发利用水资源时,必须从整体利益出发,分清综合利用的主次任务和轻重缓急,妥善处理相互之间的矛盾关系,这样才能合理解决水资源的综合利用问题。下面以一个工程为例,说明综合利用效益。

尼罗河上的阿斯旺高坝,为世界七大水坝之一。它横截尼罗河河水,坝长 3830 m,高 111 m,1960 年在苏联援助下动工兴建,1971 年建成,历时 10 年多,使用建筑材料 4300 万 m^3,相当于大金字塔的 17 倍。高坝建成后,形成总库容达 1680 亿 m^3(死库容 310 亿 m^3)的大水库,坝上游出现了面积 6500 km^2 的烟波浩渺的人工湖,称为纳赛尔湖。纳赛尔湖的容量足以装下尼罗河两年中的全部水量,是一座名副其实的多年调节水库。从此,尼罗河的流量被置于人们的控制之下,在防洪、灌溉和发电各方面都起了巨大而深远的影响。

(1)减少了旱涝灾害。阿斯旺水库能对尼罗河流量实现多年调节,因此有助于免除旱涝灾害。如 1964 年、1975 年、1988 年都发生特大洪水,1964 年洪峰流量达历史最高纪录,1975 年和 1978 年洪量达 1000 亿 m^3 以上,高坝均发挥作用避免了灾害(1954 年高坝尚在兴建中,就拦蓄了近百亿立方米的洪水),以前每年要投入的大量防洪经费和人力、物力也全部节省下来。1972—1973 年为特大干旱年,1979—1987 年更发生长达八九年的连续大干旱,旱灾遍及东北非洲各国,而埃及借高坝之赐依然丰收。

(2)灌溉。高坝建成后,埃及农业从洪水漫灌一年一收的原始粗放形式改造成常年灌溉、一年两熟、一年三熟的现代农业。

(3)发电。高坝电站装机 210 万 kW,设计年发电量 100 亿 kW·h,水量利用率达 100%,即每滴水都发了电,成为埃及电力系统中的骨干电站。如考虑对下游电厂的影响,效益就更大了。廉价、清洁和再生水电的开发,节约了燃油,促进了工业发展,改善了人民生活和环境条件,提供了大量的就业机会,极大缓解了埃及能源的困难。

(4)渔业、旅游和航运。高坝形成的纳赛尔湖,水面辽阔,适宜开发渔业。举世闻名的高坝工程、纳赛尔湖以及坝址附近的五千年历史古迹,成为世界著名旅游热点,吸引了大量游客。

高坝还改善了尼罗河通航条件。下游航道水深由 1.2~1.5 m 增到 1.8 m,而且流量均匀,常年通航。纳赛尔湖波平如镜,成为埃及苏丹往来通道,年货运量达 200 万 t。

从经济上讲,高坝与水库的总投资约为 10 亿美元,建成后两年内的经济效益已超过总投资,在以后的几十年中为埃及创造的经济效益为总投资的几十倍,而间接的效益更是多到无法计算。

2.水资源开发利用的可持续性原则

针对水资源及其他自然资源领域出现的一些新情况、新问题,一种更广泛深刻的、人类社会和经济发展的新发展战略已开始孕育和酝酿。这就是水资源开发利用策略思想近代的第二个重大发展——水资源利用的可持续发展问题。

对于"可持续性原则(sustainable development)",20世纪80年代提出的含义是:为了满足人类社会发展的需要而追求经济发展时,不能光以国民经济生产总值的增长为主要目标,忽视资源的合理开发利用,而是要寻求一种人与自然和谐相处、协调发展的新模式,使保护自然资源、生态环境与发展经济、满足人类的需要有机地结合起来。按照这个含义可以认为:能够支持人类社会和经济可持续发展的水资源开发利用,就叫水资源的可持续利用。根据水资源可持续利用原则,要求人们对水的认识要发生转变,主要包括以下几个方面:从认为水是取之不尽、用之不竭的转变为认识到淡水资源是有限的;从防止水对人类的侵害转变为在防止水对人类侵害的同时,要特别注意防止人类对水的侵害;从重点对水资源进行开发、利用、治理转变为在对水资源开发、利用、治理的同时,要特别强调水资源的配置、节约、保护;从重视工程建设转变为在重视工程建设的同时,要特别重视非工程措施,并强调科学管理;从以需定供转变为以供定需,按水资源状况确定国民经济发展布局和规划;从认为水是自然之物转变为认识到水是一种资源;从对水量、水质、水能的分别管理,以及对水的供、用、排、回收再用过程的多家管理,转变为对水资源的统一配置、统一调度、统一管理。

可见,可持续性原则是综合利用原则的进一步发展和提高,它们的内涵和目标都是一致的。

(二)水资源开发利用影响评价

水资源开发利用影响评价是合理进行水资源的综合开发利用和保护规划的基础性前期工作,其目的是增强在进行具体的流域或区域水资源规划时的全局观念和宏观指导思想,是水资源评价工作中的重要组成部分。主要包括以下几方面内容。

1.水资源开发程度调查分析

水资源开发程度调查分析是指对评价区域内现有的各类水利工程及措施情况进行调查了解,包括各种类型及功能的水库、塘坝、引水渠首及渠系、水泵站、水厂、水井等及其数量和分布。对水库要调查其设立的防洪库容、兴利库容、泄洪能力、设计年供水能力及正常或不能正常运转情况;对各类供水工程措施要了解其设计供水能力和有效供水能力;对于有调节能力的蓄水工程,应调查其对天然河川径流经调节后的改变情况。供水能力是指现状条件下相应供水保证率的可供水量。有效供水能力是指当天然来水条件不能适应工程设计要求时,实际供水量比设计条件有所降低的实际运行情况,也包括因地下水位下降而导致水井出水能力降低的情况。

各种工程的开发程度常指其现有的供水能力与其可能提供能力的比值。如供水开发程度是指当地通过各种取水引水措施可能提供的水量与当地天然水资源总量的比值,水力发电的开发程度是指区域内已建的各种类型水电站的总装机容量和年发电量,与这个区域内可能开发的水电装机容量和可能的水电年发电量之比等等。

通过水资源开发情况的现状调查,可以对评价区域范围内未来可能安排的工程布局中重要工程的位置大致心中有数,以为进一步开发利用水资源准备条件。

2.供用水量现状调查统计及供用水效率分析

(1)选择具备资料条件的最近一年作为基准年,调查统计分析该年及近几年河道外用水和河道内用水情况。

(2)河道外供水应分区按当地地表水、地下水、过境水、外流域调水、利用海水替代淡水、利用处理或未处理过的废污水等多种来源,以及按蓄、引、提、机电井四类工程分别统计,分析各种供水占总供水的百分比,并分析年供水和组成的调整变化趋势。分区统计的各项供水量均为包括输水损失在内的毛供水量。

(3)河道外用水应分区按农业、工业、生活三大类用水户分别统计各年用水总量、用水定额和人均用水量,其中农业用水可分为农田灌溉和林、牧、副、渔用水等亚类;工业用水可分为电力工业、一般工业、乡镇工业等亚类;生活用水可分为城镇生活(居民生活和公共用水)、农村生活(人、畜用水)等亚类。统计分析年用水量增减变化及其用水结构调整状况。分区统计的各项用水量均为包括输水损失在内的毛用水量。

(4)河道内用水指水力发电、航运、冲沙、防凌和维持生态环境等方面的用水。同一河道内的各项用水可以重复利用,应确定重点河段的主要用水项,并分析近年河道内用水的发展变化情况。

(5)在供用水调查统计的基础上,分析各项供用水的消耗系数和回归系数,估算耗水量、排污量和灌溉回归量;计算农业用水指标、工业用水指标、生活用水指标以及综合用水指标;对供用水有效利用率及其节水潜力做出评价。

农业用水指标包括净灌溉定额、综合毛灌溉定额、灌溉水利用系数等。工业用水指标包括水的重复利用率、万元产值用水量、单位产品用水量。生活用水指标包括城镇生活和农村生活用水指标。其中,城镇生活用水指标用"人均日用水量"表示,农村生活用水指标分别按农村居民"人均日用水量"和牲畜"标准头日用水量"计算。

3.水资源开发利用程度评价

在上述分析评价的基础上,需要对区域水资源的开发利用程度做一个综合评价,具体计算指标包括地表水资源开发率、平原区浅层地下水开采率、水资源利用消耗率。其中,地表水资源开发率是指地表水源供水量占地表水资源量的百分比;平原区浅层地下水开采率是指地下水开采量占地下水资源量的百分比;水资源利用消耗率是指用水消耗量占水资源总量的百分比。在这些指标计算的基础上,综合水资源利用现状,分析评价水资源开发利用程度,验证水资源开发利用程度是较高、中等或较低水平。

4.水资源综合评价

水资源综合评价是在水资源数量、质量和开发利用现状评价,以及对环境影响评价的基础上,遵循生态良性循环、资源永续利用、经济可持续发展的原则,对水资源时空分布特征、利用状况及与社会经济发展的协调程度所做的综合评价。

(1)水资源开发利用现状及其存在问题分析

以基准年社会经济指标和现有工程条件为依据,根据不同供水保证率下的供水量和基准年实际用水量,按流域自上而下、先支流后干流的顺序,分区进行供需平衡分析。对各分区和全流域的余缺水量做出评价,揭示水资源供需矛盾,以及水资源开发、利用、保护、管理方面存在的主要问题。对当地地表水、地下水开发利用程度进行分析,并结合现有的供水工程分布和控制状况,对当地水资源进一步开发潜力做出分析评价。

(2)水资源供需发展趋势分析

依据国民经济和社会规划,选取不同水平年,并对不同水平年进行工业、农业、生活及环境需水预测;依据不同水平年经济、社会、环境发展目标以及可能的开发利用方案,进行不同保证率条件下地表水工程、地下水工程、再生水工程的可供水量预测;开展不同水平年不同保证率下的水资源供需平衡分析。在此基础上,分析全区及不同分区不同水平年水资源供需发展趋势及其可能产生的各种问题,其中包括河道外用水和河道内用水的平衡协调问题、水污染问题、地下水环境问题以及河流水生态问题。

(3)水资源开发利用对策与措施

在进行水资源综合评价的基础上,应结合评价区水资源开发利用中存在的问题,按照"全面节流、多方开源、厉行保护、强化管理、优化配置"的水资源开发利用方针,在开源、节流保护和管理等方面提出宏观策略及具体措施,包括工程措施、水资源政策与管理措施。

九、社会经济环境影响评价等级与范围

社会经济环境影响评价以环境经济学理论为基础,其中外部性理论是主要的理论基础,而环境质量影响的费用—效益分析是主要的评价方法。

通过开发建设对社会经济可能带来的各种影响,提出防止或减少在获取利益时可能出现的各种不利社会经济环境影响的途径或补偿措施,进行社会效益、经济效益和环境效益的综合分析,使开发建设的可行性论证更为合理、可靠,设计和实施更为完善。

(一)社会经济环境影响评价等级

与整个环境影响评价项目筛选相似,在社会经济环境影响评价中的项目筛选也应在评价初期阶段进行。通过项目筛选确定拟建项目的类别,并以此决定项目是否需要进行社会经济环境影响评价以及所要求的评价广度和深度。在这里参照世界银行和亚洲开发银行的项目分类原则并根据项目的社会经济环境影响大小分成S1、S2、

S3、S4四类。

1.S1类项目

拟建项目对外界社会经济环境无影响或影响较小(如技术改造项目以及项目远离社区或项目外界无敏感区等情况)。由于此类项目主要产生内部经济性效果,对外社会经济环境影响较小,一般无须进行单独的社会经济环境影响评价,只需要把可行性研究报告中有关的社会经济分析内容并入环境影响报告书中即可。

2.S2类项目

拟建项目对外界社会经济环境产生有利和不利的影响,如能源以及一般工业项目等。除一些特殊大型项目以及外界社会经济环境较敏感的区域,如少数民族居住区以及文物古迹保护区,一般只要求进行社会经济环境影响简评,并将其并入环境影响报告书中。

3.S3类项目

拟建项目主要产生有利的社会经济环境影响。此类项目包括脱贫以及改善社会经济环境等,如农村和农业发展项目、贫穷落后地区的开发项目、基础设施项目以及社会福利项目等。此类项目旨在提高社会经济福利总水平,因而是世界银行、亚洲开发银行等国际金融组织关注和投资的重点。对此类项目一般要求进行社会经济环境影响详评,充分论证项目的社会经济效益或效果。这部分评价内容可并入环境影响报告书中。

4.S4类项目

拟建项目对外界社会经济环境产生严重不利影响或外界环境极为敏感,以及任何具有相当数量移民的项目,如项目产生大量人口失业或引起项目周围地区居民生活水平降低,项目影响区有国家重点文物保护区和少数民族集中区以及大坝、高速公路和机场等引起大量人口迁移的项目等。对此类项目要求进行社会经济环境影响详细评价,一般要求进行社会经济环境专题评价并形成专题报告书。

(二)社会经济环境影响评价范围

社会经济环境影响评价范围是由目标人口确定的,凡属于目标人口的范畴都可划为社会经济环境影响评价的范围。目标人口是指受拟建项目直接或间接影响的那部分人口,目标人口所在社区的范围即社会经济环境影响评价的范围。当拟建项目对自然环境和社会经济环境所产生影响的区域或范围不同时,则两者所确定的评价范围也应不同。例如,建造水坝对库区的自然环境和社会经济环境都会产生影响,自然环境影响评价范围可以确定为库区范围。但库区内人口迁移会对移民安置区的社会经济环境产生影响,因此,社会经济环境影响评价范围应包括库区及移民安置区,其中目标人口包括库区人口和移民安置区人口。

根据开展社会经济环境影响评价的实际需要,可以按目标人口的行政区划分和功能分区、收入水平和职业的不同、民族和文化素养的差异以及受拟建项目影响的程度和受益情况的区别等把目标人口划分为若干层次或部分。目标人口的划分原则和方法要视具体情况而定,并无统一标准可循。

当拟建项目对敏感区的社会经济环境产生较大程度影响时,社会经济环境影响评价的深度可不受项目筛选制约,一般要求进行社会经济环境影响详评或针对某些社会经济环境要素进行专项评价。

1.少数民族居住区

当拟建项目所影响区域为少数民族居住区时,社会经济环境影响评价显得尤为重要。在评价中要依据国家有关少数民族的方针和政策,注重少数民族的习俗,先分别征求他们对拟建项目的意见。同时要注意少数民族的生活习惯、传统观念以及适应能力等方面的情况。少数民族居民可能会受到拟建项目带来的社会无序化和相对贫困化的冲击,这可能会带来一定的潜在社会风险因素,对此一定要给予充分重视。

2.森林区

森林是构成生态环境最重要的要素,因此需要保护森林。山区的热带和温带森林是脆弱的生态系统,在这些区域开发建设要特别给予重视,如果开发过度或开发不当,将导致整个区域的生态退化和崩溃,由此会产生多方面的社会经济问题。特别是那些在很大程度上依赖森林资源而生存的目标人口将会受到极大威胁,对此在社会经济环境影响评价中要给予充分的考虑。

3.沿海地区

沿海及海洋地区多数是属于世界上大多数生物,特别是水生生物的富产地带,这些区域也多数是属于生态脆弱区,对环境的变化极为敏感。开发建设活动所产生的各种环境影响可能会导致海洋复杂的食物链和生物链遭到破坏,进而影响到以海洋资源为生的那部分目标人口。因此,在海洋开发项目环境影响评价中要特别注重社会经济环境影响评价。

4.文物古迹保护区

文物古迹的社会价值难以用货币计量,因此在文物古迹保护区从事开发建设活动要特别慎重。在社会经济环境影响评价中,要从保护文物古迹角度出发,遵照执行有关的文物保护法律和条例,提出合理的开发建设方案,尽量避免或减少对文物古迹的影响和破坏。如果有些开发建设活动必须影响和破坏文物古迹,则要同时提出文物古迹损失的补偿及恢复措施,并与当地文物局及其他有关部门协商保护方案。

5.农业区

如果一个开发建设项目占用大量农田、菜地等耕地,当地农民将丧失维持生存和生活的基本生产资料,进而引发移民,并对移民安置地产生影响。因此,在社会经济环境影响评价中,需评估占地拆迁对农业生产的现实和潜在损失,以及因粮食和蔬菜供给能力下降而引起当地及邻地居民生活水平下降等问题。同时,还需考量这些人的赔偿和补偿及长期生活安置问题,移民安置区的人口密度问题、土地使用问题以及其他潜在的社会经济问题。

第二节　社会经济环境影响识别与评价方法

一、社会经济环境影响识别

社会经济环境影响评价因子是指在范围内受拟建项目影响的各个社会经济环境要素,这些要素从总体上反映了目标人口因其社会经济环境受拟建项目影响的情况。

(一)社会影响评价因子

1.目标人口

影响范围内的人口总数、人口密度、人口组成、人口结构等的现状情况;受拟建项目影响人口现状情况的变化,现实受损者和潜在受益者人数及其比例,人口迁移等方面的情况。

2.科技文化

当地的传统文化、习俗、科研单位、科研力量、科研水平、学校数、教学水平、入学等方面的情况。

3.医疗卫生

当地的医疗设施以及卫生保健等方面的情况、医院的分布和人员规模、设施和卫生健康等。

4.公共设施

当地住房、交通、供热、供电、供水、排水、通信,以及娱乐设施等方面情况。

5.社会安全

当地的凶杀、暴力、盗窃等犯罪率的情况,以及交通事故和其他意外事件等。

6.社会福利

当地的社会保险和福利事业,以及生活方式和生活质量等方面的情况。

(二)经济影响评价因子

1.经济基础

评价区的经济结构、产业布局、国民收入、人均收入水平等情况。

2.需求水平

根据市场预测对拟建项目产出的市场需求,特别是评价区内目标人口对拟建项目产出的需求。

3.收入分配

受拟建项目的影响,收入分配在目标人口中的变化情况。

4.就业与失业

受拟建项目的影响,目标人口的就业与失业情况。

(三)美学和历史学影响因子

1.美学

受影响的自然景观、人工景观、风景区、游览区等具有美学价值的景点。

2.历史学

受影响的历史遗址、文物古迹、纪念碑等具有历史价值的场所。

二、社会经济现状调查

根据影响因子识别和筛选的结果,对筛选出的因子在评价范围内进行调查和资料收集。对调查和收集到的资料进行加工整理,通过定性和定量分析对评价区内的社会经济环境总体状况做出评价。

三、社会经济环境影响预测方法

社会经济影响评价的一项重要工作是预测各种备选方案的影响,其中包括零行动方案。常用的预测社会影响的方法有以下四种。

(一)定性描述法

由独立的专业人员或者跨学科的评价工作组凭借其在类似的影响和案例研究方面的通用知识来描述各类备选方案的影响。

(二)定量描述法

由独立的专业人员或者跨学科的评价工作组凭借对现状和行动影响方面的理解,应用数值分析方法对环境影响作定量的描述。

(三)专用预测技术

包括定性描述法和定量描述法中的相关技术。例如,描述性核查标法、"黑箱"模型。

(四)人口统计方面影响预测法

包括从受影响区域迁入和移出的人口数、分布及其特征的预测技术。这对评价公共服务设施的需求、财政影响和社会影响很重要。

四、社会经济环境影响评价方法

社会经济影响评价在预测拟议行动引发的社会经济环境的变化基础上,运用各种计算来筛选可能有的重大性,然后确定可能有重大影响的那些变化。最后由环评人员按价值做最终判断。对于重大的经济影响应判断项目行动的可行性并提出削减措施。

常用的社会经济环境影响评价方法有以下几种。

(一)专业判断法

专业判断法通过有关专家或一定的专业知识来定性描述拟建项目所产生的社会、经济、美学及历史学等方面的影响和效果,该方法主要用于对该项目所产生的无形效果进行评价。如拟建项目对景观、文物古迹等影响难以用货币计量,所产生的效果是无形的。对于此类影响和效果可以咨询美学、历史、考古、文物保护等有关专家,通过专业判断进行评价。

(二)调查评价法

价值是公众态度、偏好和行为的反映。支付意愿是指消费者为获得一种物品或服务而愿意支付的最大货币量。支付意愿是福利经济学的一个基本概念,它被用来表征一切物品和服务的价值,是环境资源价值评估的根本。

(三)费用—效果分析法

当拟建项目所产生的环境影响难以用货币单位计量,即产生无形效果时,可以通过费用效果分析进行非完全货币化的定量分析。在费用—效果分析中,费用以货币形态而效益以其他单位来加以度量。实际开展费用—效果分析时,可通过最佳效果法、直观效果法和最小费用法进行。

1.最佳效果法

在费用基本相同的条件下,比较不同方案的效果,从中选择最佳方案,称为最佳效果法。

2.直观效果法

当拟建项目所产生的环境影响用其他的定量单位指标也难以度量时,可以通过强、中、弱及无影响或文字说明来直观描述拟建项目和环保设施的环境效果。此判断需依据有关专家的意见。

3.最小费用法

在效益基本相同的条件下,即达到所要求的环境保护目标,比较不同方案的费用,从中选择费用最小的方案,称为最小费用法。

结　语

　　水利工程建设是国民经济的基础设施工程,对社会发展具有重要的推动作用,并且水利工程建设的好坏直接关系到生态与环境的改善,因此,必须加强对水利工程建设与管理的分析。水利行业是我国重要的经济增长行业,对国民经济的发展和人们生活水平提高具有至关重要的影响,但随着水利行业的飞速发展,项目施工过程中的各种安全问题日渐突出。受各种因素的影响,工程项目施工中施工人员的生命安全受到很大的威胁,既产生了恶劣的社会影响,威胁社会稳定,还造成了各种资源能源的浪费,大幅降低了水利工程项目施工的经济效益。因此,加强对水利施工项目的安全控制,对施工单位和整个水利行业而言,都有着十分重大的现实意义和经济意义。

　　水利工程对我国的发展有着十分重要的作用,因此我国应大力发展水利工程。但是在水利工程的建设过程中,存在着很多的问题,严重影响施工质量。而施工质量的管理控制又直接影响建设单位的企业利益,进而影响国民经济的发展。基于此,相关管理部门应加大对水利工程施工管理力度,避免施工中出现影响质量的因素,确保水利工程的质量。

　　工程项目要降低各项成本,确保稳定收益,就要事先精打细算,找出盈利点,分析如何盈利。收益可划分为价差、设计经济、施工技术经济、试验经济、施工单位基本利润、建设期非建安费节余、运营期费用及盈利等几大板块,这些都值得我们深入探讨。其中,设计优化经济占主导地位,既是基础又是关键。设计阶段是工程投资控制过程中最为重要的阶段,如果这个阶段的设计出现问题,将会导致工程投资大幅增加,数据不准确,从而严重降低工程建造效率。现阶段,大部分工程造价管理中都使用定额设计,即投资方额定整体设计资金,以保障投资合理有效分配。而BIM技术可以直接整合整体数据,完善工程设计,减少因设计变更造成的资金浪费。

参考文献

[1]刘志浩,樊永强,刘文忠.土木工程与道路桥梁水利建设[M].北京:中国石化出版社,2021.

[2]沈蓓蓓.水利水电工程施工图识读[M].郑州:黄河水利出版社,2021.

[3]英爱文,章树安,于钋,等.国家地下水监测工程(水利部分)项目建设与管理[M].郑州:黄河水利出版社,2021.

[4]檀建成.建设法规概论[M].北京:中国建筑工业出版社,2021.

[5]王腾飞,宋慈勇,林华虎,等.水利工程建设项目管理总承包(PMC)工程质量验收评定资料表格模板与指南:上、中、下册[M].郑州:黄河水利出版社,2021.

[6]许永平,周成洋.水利工程建设项目法人安全生产标准化工作指南[M].南京:河海大学出版社,2021.

[7]钱巍,于厚文.水利工程建设监理[M].北京:中国水利水电出版社,2021.

[8]贵州省水利工程协会.水利工程建设监理要务[M].北京:中国水利水电出版社,2021.

[9]迈耶.荷兰三角洲:城市发展、水利工程和国家建设[M].邰玉婷,译.上海:上海社会科学院出版社,2021.

[10]马德辉,于晓波,苏拥军,等.水利信息化建设理论与实践[M].天津:天津科学技术出版社,2021.

[11]赵敏,董青,李灵军,等.水利风景区建设后评价理论与实践[M].南京:河海大学出版社,2021.

[12]潘运方,黄坚,吴卫红,等.水利工程建设项目档案质量管理[M].北京:中国水利水电出版社,2021.

[13]娄涛,曹旭东,金虹,等.水利部小浪底水利枢纽管理中心内部控制建设实践[M].郑州:黄河水利出版社,2021.

[14]何姣云.水力学[M].郑州:黄河水利出版社,2021.

[15]尹传政.毛泽东与新中国水利工程建设[M].北京:人民出版社,2020.

[16]柳素霞,郭振苗.水力学[M].北京:中国水利水电出版社,2021.

[17]刘志强,季耀波,孟健婷,等.水利水电建设项目环境保护与水土保持管理[M].昆明:云南大学出版社,2020.

[18]刘志强,季耀波,高智,等.水利水电建设项目环境保护与水土保持监理工作指南[M].昆明:云南大学出版社,2020.

[19]董力编.创新体制机制建设 强化水利行业监管论文集[M].北京:中国水利水电出版社,2020.

[20]山东省水利工程建设质量与安全中心.山东省水利工程建设质量与安全监督工作手册[M].北京:中国水利水电出版社,2020.

[21]陈玉国.科技期刊学术影响力提升建设研究:以《水利经济》为例[M].南京:河海大学出版社,2017.

[22]宋美芝,张灵军,张蕾.水利工程建设与水利工程管理[M].长春:吉林科学技术出版社,2020.

[23]张义.水利工程建设与施工管理[M].长春:吉林科学技术出版社,2020.

[24]王立权.水利工程建设项目施工监理概论[M].北京:中国三峡出版社,2020.

[25]马乐,沈建平,冯成志.水利经济与路桥项目投资研究[M].郑州:黄河水利出版社,2019.

[26]苏乐,耿华,蒋亭.市政水利工程经济与园林绿化管理[M].北京:北京工业大学出版社,2018.

[27]王永强,苗兴皓.建设工程计量与计价实务(水利工程)[M].北京:中国建材工业出版社,2020.

[28]张验科,万飚.水利工程经济学[M].北京:中国水利水电出版社,2021.

[29]马琦炜.水利工程管理与水利经济发展[M].长春:吉林出版集团股份有限公司,2020.

[30]吕翠美,凌敏华,管新建,等.水利工程经济与管理[M].北京:中国水利水电出版社,2021.

[31]孙本轩,张旭东,杨萍萍.水利工程建设管理与水经济发展[M].五家渠:新疆生产建设兵团出版社,2018.

[32]王帅,彭强,李小乐.水利财务经济与管理[M].延吉:延边大学出版社,2018.

[33]耿传宇,董永立.区域经济与水利资源开发研究[M].长春:吉林出版集团股份有限公司,2018.

[34]康彦付,陈峨印,张猛.水资源管理与水利经济[M].长春:吉林科学技术出版社,2018.